北京理工大学"双一流"建设精品出版工程

Target Detection and Tracking Technology Based on
Brain–Like Computing

基于类脑计算的
目标检测与跟踪技术

宋勇 郝群 李国齐 ◎著

北京理工大学出版社
BEIJING INSTITUTE OF TECHNOLOGY PRESS

内 容 简 介

类脑人工智能是研究和开发用于模拟、延伸和扩展人脑智能的理论、方法及应用的科学技术，将类脑人工智能技术应用于目标检测与跟踪，可大幅提升复杂背景、干扰条件下的目标检测概率及跟踪精度，具有重要的意义和广泛的应用前景。本书系统地阐述了人脑视觉信息处理机制的基本原理、主要特性、数学建模及算法设计等。同时，结合深度神经网络和类脑芯片技术，给出了基于复合类脑模型的目标检测与跟踪方法以及应用示例，旨在提高读者对于类脑人工智能技术的理解、设计及实践能力，为从事类脑人工智能相关的科学研究、工程应用等工作奠定基础。

本书可作为相关专业高年级本科生、硕士生和博士生的教材，也可为从事人工智能、智能信息处理等相关领域的研究和工程技术人员提供参考。

图书在版编目（CIP）数据

基于类脑计算的目标检测与跟踪技术／宋勇，郝群，李国齐著. —北京：北京理工大学出版社，2020. 12

ISBN 978 - 7 - 5682 - 9406 - 5

Ⅰ. ①基…　Ⅱ. ①宋…　②郝…　③李…　Ⅲ. ①人工智能　Ⅳ. ①TP18

中国版本图书馆 CIP 数据核字（2021）第 001773 号

出版发行／北京理工大学出版社有限责任公司

社　　　址／北京市海淀区中关村南大街 5 号

邮　　　编／100081

电　　　话／（010）68914775（总编室）

　　　　　　（010）82562903（教材售后服务热线）

　　　　　　（010）68948351（其他图书服务热线）

网　　　址／http：//www. bitpress. com. cn

经　　　销／全国各地新华书店

印　　　刷／三河市华骏印务包装有限公司

开　　　本／787 毫米 ×1092 毫米　1/16

印　　　张／11. 25

彩　　　插／6

字　　　数／264 千字

版　　　次／2020 年 12 月第 1 版　2020 年 12 月第 1 次印刷

定　　　价／68. 00 元

责任编辑／刘　派

文案编辑／李丁一

责任校对／周瑞红

责任印制／李志强

图书出现印装质量问题，请拨打售后服务热线，本社负责调换

About the author

作者简介

宋勇

宋勇，男，北京理工大学教授，博士生导师，北京理工大学光电学院光电仪器研究所所长。国际大学生类脑计算大赛评委，国家重点研发计划/国家自然科学基金评审专家，中国仪器仪表学会/中国生物医学工程学会分会常务理事/委员，Journal of Artificial Intelligence and Technology（JAIT）、《光学与光电技术》《兵器装备工程学报》编委，北京理工大学"智能感知工程"专业带头人。长期从事类脑信息处理、智能光电系统、生物交叉信息网络等领域的科研与教学工作。主持国家级、省部级科研项目40余项，获省部级科技进步/技术发明奖各一项，发表SCI/EI论文100余篇，出版学术专著2部，授权/申请国家发明专利、软件版权50余项。

郝群

郝群，女，北京理工大学特聘教授、光电学院院长，长春理工大学副校长（挂职）。科技部重点领域创新团队负责人，教育部跨世纪优秀人才，北京市教学名师，全国"巾帼建功"标兵。长期从事新型光电成像传感技术和光电精密测试技术领域教学和科研工作，主要研究方向包括新型光电成像技术、仿生光电感测技术等。主持国家自然科学基金/重点项目等国家级项目多项，获得省部级技术发明一等奖2项，发表SCI论文80余篇；出版专著3部，授权国家发明专利80余项。

李国齐

李国齐，男，清华大学精密仪器系、清华大学类脑计算中心副教授，博士生导师，《控制与决策》编委，国际期刊 Frontiers in Neuroscience：Neuromorphic Engineering 副主编。主要研究方向为类脑计算与类脑智能，作为负责人承担多项国家自然科学基金和科技部重点研发项目，在 Nature、Proceedings of the IEEE、IEEE TPAMI 等人工智能领域期刊和会议发表论文100余篇。曾获北京市自然科学基金优秀青年人才、北京市智源人工智能研究院"智源学者"称号和中国指挥与控制学会科学技术进步一等奖。

类脑人工智能是研究和开发用于模拟、延伸和扩展人脑智能的理论、方法及应用的科学技术。在过去十年时间里，神经科学领域的研究取得了较大进展，为类脑人工智能技术的发展奠定了重要基础，同时促使图像处理、语音识别等领域的类脑计算研究取得了重要突破。类脑人工智能技术深度模拟了人脑的信息处理过程，将其应用于目标检测与跟踪，可大幅提升复杂背景、干扰条件下的目标检测概率和跟踪精度，具有重要的意义和广泛的应用前景。开展基于类脑计算的目标检测与跟踪技术研究，对于适应新一轮科技革命和产业变革的新趋势，面向世界、面向未来，瞄准学科前沿和交叉领域，服务于制造强国国家战略具有重要意义。

本书系统地阐述了人脑视觉信息处理机制的基本原理、主要特性、数学模型及算法设计等。同时，结合 DNN 和类脑芯片技术，给出了基于复合类脑模型的目标检测与跟踪方法以及应用示例，旨在提高读者对于类脑人工智能技术的理解、设计及实践能力，为从事类脑人工智能相关的科学研究、工程应用等工作奠定基础。本书可以作为相关专业高年级本科生、硕士生和博士生的教材，也可为从事人工智能、智能信息处理等相关领域的研究和工程技术人员提供参考。

本书的主要内容如下。

第 1 章为概述，主要阐述了常规目标检测与跟踪技术、神经工程导向/计算机工程导向类脑模型的国内外研究现状及存在的问题。

第 2 章主要阐述了人脑视觉系统的侧抑制机制及其应用。包括：介绍了侧抑制机制及常规侧抑制模型，建立了两种新型侧抑制模型，提出了基于自适应侧抑制模型的目标检测算法、基于演算侧抑制模型的目标检测算法，并对其技术优势进行了实验验证。

第 3 章主要阐述了人脑视觉系统的感受野机制及其应用。包括：分析了感受野机制及自适应感受野模型；针对复杂背景下的多尺度目标检测问题，提出了一种基于自适应感受野红外目标检测算法，并对所提出算法在复杂背景下的弱小目标、面目标检测能力进行了实验验证。

第 4 章主要阐述了基于脉冲耦合神经网络的目标检测方法。包括：分析了 PCNN 的原理，结合人脑信息处理机制给出了两种改进的 PCNN 模型及其应用方法；针对复杂背景的运动弱小目标检测问题，提出了一种基于

ALI – PCNN 的红外运动弱小目标检测算和基于 FSPCNN 的自适应红外图像分割方法，并验证了其在目标灰度不均匀、复杂背景和低信噪比下红外图像分割中的技术优势。

第 5 章主要阐述了人脑视觉系统的视觉注意机制及其应用。包括：针对复杂背景下的小目标和面目标检测要求，建立了基于 SC 视觉注意模型和双层视觉注意模型，提出了一种基于 SC 视觉注意模型的目标检测方法和一种基于双层视觉注意模型的目标检测算法；通过对比实验表明了将视觉注意机制应用于目标检测领域，可实现复杂背景下的高精度小目标和面目标检测。

第 6 章主要阐述了人脑视觉系统的记忆机制及其应用。包括：建立了多通道记忆模型和多层旋转记忆模型，提出了一种基于多通道记忆模型的核相关滤波目标跟踪算法和一种基于多层旋转记忆模型的相关滤波目标跟踪算法；对比实验结果表明，所提出的算法在目标遮挡、复杂背景等条件下的目标跟踪方面具有明显优势。

第 7 章主要阐述了基于卷积神经网络与人脑记忆模型的目标跟踪算法。包括：分析了相关滤波方法、卷积神经网络在目标识别与检测方面的主要优势及存在的问题；提出了一种基于响应图分析网络的多个分类器相关滤波跟踪算法；基于 OTB – 2015 数据集的实验结果表明，所提出的方法在精度、覆盖率和速度等方面具有明显优势。

第 8 章主要阐述了类脑计算平台及其目标检测与跟踪应用。包括：分析了类脑计算硬件平台研究现状；围绕神经动力学及其应用，给出了基于 Spike 编码的 SNN 以及基于连续 LIF 动力学的模式学习网络示例，提出了用于目标跟踪的连续 LIF 动力学网络模型等。

本书的主要内容来自宋勇教授及其指导的博士和硕士研究生近几年的研究成果。全书内容由宋勇教授统一规划。其中，宋勇执笔第 2 至第 7 章，李国齐执笔第 8 章，郝群执笔第 1 章。书中研究成果主要由赵宇飞博士、博士生杨昕，赵尚男、李云、李旭、郭拯坤硕士，以及博士生白亚烁、硕士生王枫宁、张子烁等完成。其中，赵宇飞博士对书中的大部分内容进行了修改和校对，并对部分插图进行了重新绘制，在此表示衷心感谢！同时，在本书中引用一些作者的研究成果，也一并表示感谢！

此外，感谢清华大学施路平教授、陈峰教授，北京理工大学吴嗣亮教授，北京控制工程研究所王立研究员，灵汐科技吴臻志博士为本书的撰写所提供的指导和帮助！

本书得到了国家自然科学基金项目、装备预研、国防基础科研和空间光电测量与智能感知实验室开放基金等项目的资助，在此表示衷心的感谢！

作 者

2020 年 8 月

目　录
CONTENTS

第 1 章

概　　述

作为计算机视觉领域的重要研究内容，目标检测与跟踪技术广泛地应用于视频监控、医疗监护、行星探测以及军事侦察等领域。然而，在实际应用场景中，目标检测与跟踪过程中常面对复杂背景、目标被遮挡以及目标尺度和外观变化等复杂多变的情况，导致目标检测与跟踪精度下降。目前，目标检测与跟踪技术主要面临以下挑战：

（1）受到空气扰动、载体运动等因素的影响，在采集图像时，成像设备往往不能完全保持静止，从而导致图像背景发生运动；

（2）自然因素（如树木、烟雾、云层）和人为因素（如隐身涂层、伪目标等）导致图像背景复杂，从而降低了图像的对比度和信噪比；

（3）在序列图像中，存在目标尺度和外观变化、部分遮挡、全部遮挡后消失又重现，以及背景光照变化、目标相似物干扰等现象。

上述因素会导致图像出现背景复杂、对比度低、目标被遮挡等问题，严重影响了目标检测与跟踪精度。

利用常规图像处理算法可实现在背景较为简单的情况下的目标检测与跟踪，但难以解决在复杂背景、干扰条件下的高精度目标检测与跟踪问题。例如，作为一种常规图像目标检测方法，基于小波变换的目标检测算法利用小波变换分解原始图像，首先提取近似特征重构图像；然后利用原始图像减去背景图像，并通过设置合适的阈值进行分割实现目标检测。在上述过程中，该算法易将部分高频噪声误检为目标，导致检测精度较低。而作为一种典型的目标跟踪方法，基于粒子滤波的目标跟踪算法利用一组带有权值的随机样本集（粒子）对目标位置的后验概率密度进行近似，从而估算出目标在下一帧图像中的位置。该算法的跟踪精度会受粒子数量的限制，若要实现目标被遮挡、相似物干扰、目标短暂消失后重现等情况下的鲁棒性跟踪，则对粒子数量具有较大的需求，从而大幅增加了计算量，进而导致算法运行速度降低。

另一方面，作为人类大脑获得外界信息的主要手段，人脑视觉系统（Human Visual System，HVS）拥有高效的信息处理能力，其性能在信息处理的多个方面都远远超过现有的计算机视觉系统。如图 1.1 所示，HVS 主要包括视神经、视交叉、视束、外膝体、内膝体、视辐射和视皮层等区域。其中，视觉信号首先被人眼视网膜所获取；然后沿着视神经传输，经过视交叉和外膝体等区域，最终到达大脑视觉皮层。在此过程中视觉信息经过多种人脑视觉信息处理机制的加工和处理，如侧抑制、视觉注意和认知记忆机制等，这些人脑信息处理机制协同作用，可实现人脑对目标和场景的准确感知等功能。

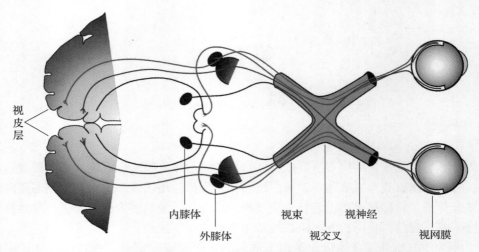

图 1.1　人脑视觉系统中视觉信息通路示意图

人脑视觉系统的高效信息处理能力促使类脑计算技术的出现。类脑计算主要是指仿真、模拟以及借鉴大脑生理结构和信息处理过程的方法、模型和装置，其目标是实现类脑智能和制造类脑计算系统。近年来，随着脑科学研究的不断深入，对人脑视觉系统的理解不断深入，类脑计算逐渐成为国内外相关研究者的研究热点。同时，利用类脑计算解决计算机视觉中复杂背景下的鲁棒性目标检测与跟踪问题，成为计算机视觉、智能感知工程相关领域的重要研究方向。

1.1　常规目标检测方法

在计算机视觉中，目标检测的主要目的是将目标从背景中提取出来。总体而言，目标检测方法可分为两类：一类是基于背景建模的目标检测方法，此类方法通常用来检测运动目标，通过对图像背景进行估计建立背景模型，然后将当前帧图像与所建立的背景模型做差值，从而实现运动目标检测；另一类是基于前景建模的目标检测方法，此类方法通常选用合适的图像特征对目标进行建模，然后设计分类器对图像中的目标进行检测。

1.1.1　基于背景建模的目标检测方法

1998 年，Lipton 等提出了一种时域差分和模板匹配相结合的运动目标检测方法，该方法在目标运动和静止时分别利用时域差分和模板匹配方法对目标进行检测。然而，当图像的背景发生运动时，利用时域差分对运动目标进行检测时，往往会将动态背景部分也检测出来，导致检测失败。

针对这一问题，Wren 等提出了基于单高斯模型的背景建模方法，该方法通过引入高斯模型考虑了图像的像素方差，从而提高了背景模型对动态背景的适应能力。然而，该方法只考虑了单一状态下的动态背景，而在目标检测过程中，背景的多样性，如树叶摆动、水的波纹等都是动态背景建模中的重要因素。基于上述考虑，Stauffer 等在单高斯模型的基础上提出了混合高斯模型（Gaussian Mixture Model，GMM），GMM 背景建模方法可以在多个背景模型中选择与当前帧最为匹配的一个作为当前背景，并实时在线更新各个背景模型的高斯分布参数，因此可以更好地适应背景的多样性。在此基础上，Zivkovic 等又提出了一种新的混合高斯建模方法，不同于 Stauffer 提出的 GMM 方法中高斯混合模型的数目需要事先确定，Zivkovic 提出的方法中高斯混合模型的数目可以自适应确定。总体而言，基于高斯模型的背景建模方法计算较为简单，但是，此类方法要求像素点的灰度值或颜色值在时域上符合高斯分布，因此在实际应用中会受到限制。

基于非参数密度函数估计的方法解决了上述问题。其中，Elgammal 等提出了一种基于核密度估计的算法，该算法采用了 Parzen 窗估计方法，可以处理图像中像素点的灰度值或颜色值任意形式的概率分布。Yaser 等提出了基于贝叶斯模型的运动目标检测算法，该方法结合时间信息和空间信息对基于核密度估计的算法进行了改进，首先利用像素的三维颜色信息和二维位置信息对像素点进行建模；然后利用核密度估计算法同时对背景和前景进行建模，最后利用图像分割（Graph–cut）方法进行图像分割，从而实现运动目标检测。

此外，基于背景建模的目标检测方法还包括 Kim 等提出的码本（Codebook）法，该方法利用码本来描述图像像素，码本中包含若干码元，通过匹配码元来实现目标检测；Han 和 Piccardi 提出了均值漂移的目标检测方法，此类方法使用均值漂移算法对图像的背景进行建模；Oliver 等提出了基于主成分分析（Principal Component Analysis，PCA）的背景提取方法，该方法能在一定程度上消除光照变化的影响。

1.1.2 基于前景建模的目标检测方法

基于前景建模的目标检测方法：首先建立前景目标与背景的特征模型；然后利用分类器对目标和背景进行分类，从而实现目标检测。常规特征模型一般采用人工设计特征，可以分为梯度特征、模式特征和颜色特征三类。

梯度特征是通过计算图像中像素在梯度和方向上的分布而建立的，包括 Lowe 提出的尺度不变特征变换（Scale–invariant Feature Transform，SIFT）和 Dalal 等提出的梯度直方图特征（Histograms of Oriented Gradients，HOG）等。其中，SIFT 特征通过获取特定点附近的梯度信息来描述目标，具有尺度和旋转不变性；HOG 特征首先计算图片中某一区域在不同方向上的梯度值，然后得到梯度值分布的直方图作为图像的特征。此外，基于上述两种特征还有一些改进特征，如在 SIFT 特征上改进得到的 PCA–SIFT、加速鲁棒特征（Speed–up Robust Features，SURF）和在 HOG 特征上改进得到的变尺寸梯度直方图（HOG with Variable Size，V–HOG）等。

模式特征是通过分析图像中局部区域的像素间关系而建立的。典型的模式特征包括 Gabor 滤波器、局部二值模式（Local Binary Patterns，LBP）特征、姿态描述子（Poselets）、统计变换直方图（Census Transform Histogram，CENTRIST）和局部组合二值（Locally Assembled Binary，LAB）等。与梯度特征相比，模式特征一般具有更高的维度，因此在使用模式特征时往往会导致计算量增加。

颜色特征是通过计算图像中局部颜色值的概率分布而建立的，主要包括颜色共生矩阵（Color Cooccurrence Matrix，CCM）、颜色自相似（Color Self–Similarity，CSS）和 HSV（Hue，Saturation，Value）颜色空间 SIFT 特征（HSV–SIFT）等。颜色特征主要描述了图像中的颜色信息，对图像自身的尺寸、梯度和视角的依赖性较小，从而具有较高的鲁棒性。然而，当处理颜色信息不足或不存在的图像（如红外图像）时，颜色特征的使用会受到限制。

1.2　常规目标跟踪方法

在计算机视觉中，目标跟踪的主要目标是在给定图像序列初始帧中目标尺寸和位置的情况下，预测后续帧中相应的目标尺寸和位置。在目标跟踪任务中，解决跟踪目标的外观变化是一项重要且具有挑战性的任务。通常来说，目标外观变化分为内部变化和外部变化两种类型，内部外观变化包括跟踪目标的姿态变化和形状变形等，而外部外观变化则是由于光线变化、相机运动和遮挡等所导致的变化。根据目标外观模型表达策略的不同，常规目标跟踪方法一般可分为两大类：生成式目标跟踪方法和判别式目标跟踪方法。

1.2.1　生成式目标跟踪方法

在生成式目标跟踪方法中，首先学习一个目标外观模型；然后在图像中搜索与所建立的外观模型最相似的区域作为跟踪目标，并且通过在线更新目标外观模型适应目标的外观变化。代表性的生成式目标跟踪方法有卡尔曼滤波（Kalman Filter）跟踪方法、粒子滤波（Particle Filter）跟踪方法和均值漂移（Mean‐shift）跟踪方法等。

通常来说，目标跟踪问题可被抽象为一个从不确定和不明确的观察中推断目标运动的搜索过程。如果目标的运动状态后验密度服从高斯分布，则可以使用卡尔曼滤波、扩展卡尔曼滤波（Extended Kalman Filter，EKF）或无损卡尔曼滤波（Unscented Kalman Filter，UKF）解出目标运动的最佳/次优解。然而，在实际跟踪过程中，目标的运动状态往往是非线性、非高斯分布的，在这种情况下，基于卡尔曼滤波的跟踪方法难以准确预测目标的运动状态，从而导致跟踪精度下降。

针对上述问题，Arulampalam 等提出了粒子滤波跟踪算法。粒子滤波主要通过一组具有相关权重的随机样本来表示目标运动的后验密度函数，通过蒙特卡罗（Monte Carlo）仿真解决卡尔曼滤波不适用于非线性、非高斯分布运动状态的问题。然而，粒子滤波跟踪方法在重要性采样过程中的次优采样机制会导致样本贫化。针对这一问题，Zhang 等提出了一种改进的无损粒子滤波（Unscented Particle Filter，UPF）算法，该算法采用基于奇异值分解（Singular Value Decomposition，SVD）的 Sigma 点计算方法取得了更强的跟踪鲁棒性；随后，Zhang 等提出了一种基于群体智能的粒子滤波算法，该算法采用受粒子配置中群体智能的启发所建立的层次重要性采样过程，在一定程度上克服了粒子滤波算法的样本贫化问题。此外，一些基于粒子滤波的跟踪算法陆续被提出。例如，Zhou 等将外观自适应模型嵌入到粒子过滤算法中，得到了良好的目标跟踪结果；Li 等提出了级联粒子滤波跟踪方法，该方法将检测算法与粒子过滤进行结合，可解决目标跟踪过程中出现的目标位置突变等问题。

1.2.2　判别式目标跟踪方法

判别式目标跟踪方法将目标跟踪任务看作一个二元分类问题，同时利用目标和背景训练分类器，使得训练好的分类器可以将目标从背景中分离出来，得到当前帧的目标位置，进而实现目标跟踪。

常规判别式目标跟踪主要为基于相关滤波实现。Bolme 等提出了最小输出平方误差和（Minimum Output Sum of Squared Error，MOSSE）滤波算法，从此相关滤波开始大量地用于目标跟踪领域。例如，Henriques 等通过引入循环矩阵和核函数改进了 MOSSE 滤波器；Danelljan 等利用颜色属性更好地表征输入数据，这些方法都取得了很好的跟踪效果。2015年相关滤波类算法开始成为主流的目标跟踪算法，一系列基于相关滤波的跟踪算法被提出，其中具有代表性的包括 Henriques 等提出的核相关滤波算法（Kernelized Correlation Filters，KCF）；Li 等提出的自适应多特征跟踪算法（Adaptive with Multiple Features tracker，SAMF），Danelljan 等提出的判别尺度空间跟踪算法（Discriminative Scale Space Tracking，DSST）和基于 DSST 进行改进后提出的快速判别尺度空间跟踪算法（Fast Discriminative Scale Space Tracking，FDSST）等。

1.3　类脑计算模型及应用

现阶段，类脑计算模型在计算机视觉、智能感知工程中的应用研究主要有两种途径。

（1）神经工程导向的类脑计算模型。这种类脑计算模型以神经工程为基础，从人脑的形态、信息获取方式和信息处理机制等方面尽量模拟大脑，通过建立类脑模型解决计算机视觉中的具体问题。相对而言，神经工程导向的类脑计算模型无须训练样本，对硬件计算能力要求较低，且具有生物可解释性，有利于实现复杂背景、低对比度、目标被遮挡等条件下的高精度目标检测与跟踪。

（2）计算机工程导向的类脑计算模型。这种类脑计算模型以计算机工程为基础，通过各种机器学习算法解决计算机视觉问题。目前，以深度神经网络（Deep Neural Networks，DNN）为代表的计算机工程导向的类脑计算模型已在人脸识别等领域取得了重要进展。然而，此类模型高度依赖训练样本，对硬件计算能力要求较高，并且不具有可解释性，从而限制了其在目标检测与跟踪领域的应用。

1.3.1　神经工程导向的类脑模型及算法

神经工程导向的类脑计算模型主要从神经工程角度深层次模拟人脑视觉系统。人脑视觉系统具有多层、分步式处理结构。人脑的每个脑区或亚区均负责一个信息处理环节或方面，而具体的模块划分是经过漫长的自然选择、优化的结果，使其可以高效处理真实世界图像信息。人脑视觉系统具有侧抑制、感受野、同步脉冲发放、视觉注意和认知记忆等多种信号处理机制，这些机制具有极强的目标检测和跟踪能力，可以抽象成相应的类脑模型，在目标检测和跟踪领域具有独特的技术优势。表 1.1 列举了典型的类脑模型的主要特性和应用。

1. 侧抑制模型

在侧抑制机制的模型研究方面，Hartline、Taylor 和 Mach 等建立了一系列侧抑制数学模型，这些模型都可以模拟侧抑制的"突出边缘"效应。此外，Hiedebrand 等验证了侧抑制机制不仅可以突出边缘信息，还能够增强信号。1972 年，福岛邦彦构建了二维侧抑制网络，并进行了仿真实验，验证了侧抑制机制可以锐化模糊边缘、增强图像的清晰度。

表 1.1　典型类脑模型的主要特性和应用

类脑模型	主要特性	主要应用
 侧抑制	• 增强反差 • 提高对比度 • 抗干扰 • 目标轮廓完整	• 低对比度目标检测 • 多尺度目标检测 • 运动目标检测
 感受野	• 边缘敏感性 • 方向敏感性 • 目标适应性	• 低对比度目标检测 • 边缘检测
 同步脉冲发放	• 目标适应性强 • 抗干扰 • 无须训练 • 自适应	• 弱小目标检测 • 平移、旋转、缩放、阴影等复杂条件下的目标识别
 视觉注意	• 突出感兴趣目标 • 鲁棒性高 • 实时性强	• 复杂条件下的弱小目标提取 • 高速率、鲁棒性运动目标检测

续表

类脑模型	主要特性	主要应用
 认知记忆	● 目标适应性 ● 环境适应性 ● 鲁棒性高 ● 抗干扰	适用于以下条件的目标检测与跟踪： ● 场景突变 ● 目标姿态突变 ● 目标短暂消失 ● 目标遮挡

侧抑制模型的应用有两个方面。一方面，一些研究者针对图像预处理、滤波去噪、边缘检测等计算机视觉任务建立了多种侧抑制网络模型。例如，孙复川等利用电子网络建立了侧抑制模型，实现了从强背景干扰条件下提取图像的轮廓信息；李言俊等利用数字式细胞神经网络（Digital Cenllular Neural Nework，DCNN）建立了数字式非循环侧抑制网络，从而实现了红外图像对比度的增强。另一方面，一些研究者将侧抑制模型应用于目标检测中，提高了传统目标检测算法的性能。例如，许建忠等提出了一种适用于复杂背景红外图像的自适应预处理方法，该方法通过对不同场景下侧抑制模型参数的自适应调节实现了复杂背景下突出目标的功能；赵大炜等将经过侧抑制处理后的图像与源图像相叠加，在一定程度上克服了侧抑制网络处理图像时丢失细节的问题，然而该方法只适用于单一背景下的红外图像；史漫丽等提出了一种基于自适应侧抑制网络的复杂背景下红外弱小目标检测方法，利用各向异性高斯滤波器自适应地确定侧抑制模型系数，显著提高了对红外弱小目标的检测能力，然而该方法仅适用于小目标检测，在面目标检测时易损失目标细节信息。

2. 感受野模型

感受野机制具有边缘、方向敏感性以及目标适应性，可以用于图像中的低对比度目标检测和边缘检测。在感受野生物机理研究的基础上，Grigorescu 等利用非经典感受野的抑制特性进行边缘检测。该方法减少了背景的影响，但是该方法被人为地分为各向异性抑制和各向同性抑制两种情况。前者当神经元与周围刺激具有相同的方位时才会产生抑制作用，后者任意方位的刺激对神经元都产生相同的作用。此外，模型的结构可能会使同一边缘信息彼此间相互抑制。Daugman 等使用二维 Gabor 函数描述初级视皮层简单细胞对下丘脑 CRF（ACTH 释放因子）内刺激的响应，Gabor 函数具有的朝向选择、带通等性质，能够很好刻画感受野的响应特性；桑农等提出了一种视觉生理机制的轮廓检测模型，该模型考虑循环抑制特性，动态反映了视皮层处理机制，该方法可以有效地消除复杂背景干扰，但循环处理过程消耗了大量时间；李言俊将感受野机制引入成像制导中，用于解决运动检测、目标识别与跟踪等问题。

3. 同步脉冲发放模型

20 世纪 90 年代初，Eckhorn 研究团队和 Singer 研究团队分别在初级视皮层中发现了 γ

波段（神经振荡模式）中神经元活动的同步。γ波振荡（γ波与神经元同步振荡有关）的发现被认为是神经科学的重大进展，许多研究者对γ波振荡的基础过程进行了深入研究。在发现了γ波振荡现象后，Eckhorn等研究者提出了一种连接域模型脉冲耦合神经网络（Pulse Coupled Neural Network，PCNN）的雏形，将刺激驱动的前馈流与刺激诱导的反馈流相结合以实现同步。在此基础上，Johnson等研究者深入研究了γ波的同步脉冲动态特性，通过改进连接域模型，建立了PCNN的原始模型。

PCNN是一种模拟视觉神经细胞活动的人工神经元模型，具有脉冲耦合特性、非线性相乘调制特性、变阈值特性和邻域捕捉特性等多种独特特性，有利于完整地保留图像的区域信息，并且无须训练样本，因而在图像分割、图像编码和图像增强等领域具有重要的应用。在图像分割领域，Chen等在2011年提出了一种PCNN的简化模型（Simplified Pulse Coupled Neural Network，SPCNN），利用图像自身的特征和空间分布特性自适应地分割织物疵点；2014年，廖传柱等利用人工蜂群（Artificial Bee Colony，ABC）算法改进了PCNN模型，即ABC – PCNN模型，利用ABC算法优化了PCNN模型中的连接系数和阈值，并且将其应用于图像自适应分割中，获得了很好的效果；2015年，廖传柱等利用遗传算法对PCNN的连接系数、阈值放大系数和阈值衰减时间常数进行了优化，并在红外图像分割中取得了较好的效果。

4. 视觉注意模型

利用视觉注意模型计算图像的显著图，可实现视觉显著性检测和注视点预测等。其中，视觉注意模型可分为自底向上和自顶向下两类。

自底向上的视觉显著图模型属于数据驱动型，该类模型的基础是Koch等提出的神经生物学模型和Treisman等提出的特征整合理论。神经生物学模型通过提取输入图像的亮度、朝向等初级特征得到这些特征的显著图，然后基于特征整合理论，采用多特征融合方法将所有特征得到的显著图进行融合，从而形成最终的显著图。随后，在该框架的基础上，大量的视觉显著图模型被提出并应用于数字图像处理领域。Itti等首次实现了Koch等提出的神经生物学模型，建立了Itti模型，在该模型中，首先按不同特征通道和不同尺度提取输入图像的显著图，然后将这些显著图融合即可得到最终的显著图。此后，更多的视觉注意模型被提出，包括Harel等提出的基于图论的视觉注意模型（Graph – based Visual Saliency，GBVS）和Achanta等提出的基于全分辨率的视觉注意模型等。

自顶向下的视觉显著图模型属于任务驱动型，在该类模型中，显著性被认为是与特定对象相似性较高的对象，这类显著性会受到先验知识和目标期望等的影响。相关研究包括：Navalpakkam等在原有的自底向上的模型基础上，利用目标对象的先验特征对目标检测任务进行调控，从而提高了目标检测性能；Marchesotti等基于图像中相似性较高的全局视觉特征提出了一种显著性模型，该模型首先建立一个数据库，然后在数据库中搜索与目标图像相似性最高的图像，从而生成显著图。此外，还有一些视觉显著图模型利用多种先验知识与机器学习方法相结合，在预先学习目标特征的基础上确定感兴趣的区域。

然而，上述两类视觉显著图模型大多是针对可见光图像进行显著图计算的。因此，在处理红外图像时，由于其复杂背景和低对比度等特性，目标的显著性往往不明显，很容易对噪声出现误检测，从而影响检测精度。

5. 认知记忆模型

国内外研究者建立了多种人脑认知记忆模型，其中具有代表性的有：Waugh和Norman

提出的双重记忆理论（Dual Memory Theory，DMT）、Atkinson 和 Shiffrin 提出的多重记忆模型（Multi Store Model）和在此基础上进一步完善的记忆信息三级加工模型、Craik 和 Lockhart 提出的克雷克 – 洛克哈特模型（Craik – Lockhart Model）、Baddeley 提出的工作记忆模型（Working Memory Model）和 Wang 等提出的记忆功能模型等。

记忆信息三级加工模型是应用最广泛的记忆模型，在该模型中，记忆过程被分为三个阶段：瞬时记忆（Ultra Short – Term Memory，USTM）、短时记忆（Short – Term Memory，STM）和长时记忆（Long – Term Memory，LTM），在每一阶段中都包含编码、存储和提取三个过程，同时，长时间不被提取的信息会被遗忘。

目前，认知记忆模型的研究现状包括：Amer 等针对视频监控提出了一种基于记忆机制的实时目标分割方法；Kang 等将短时记忆引入目标跟踪过程的模型更新中，从而在一定程度上解决了目标跟踪过程中出现的目标姿态变化的问题；Montemayor 等提出了一种基于记忆的粒子滤波跟踪算法，该算法利用记忆存储粒子的状态，一定程度上解决了遮挡造成的目标丢失问题；Mikami 等将记忆模型用于脸部姿势追踪，获得了复杂背景下较强的鲁棒性；齐玉娟等针对目标跟踪过程中的遮挡问题，将记忆机制分别用于混合高斯背景建模和粒子滤波算法中，取得了较好的结果。

然而，上述基于记忆的方法大部分只是将记忆作为一个存储器，并未完全模拟人脑认知记忆机制的特性，因此当目标跟踪过程中出现长时间的目标消失或相似目标干扰时，仍会出现目标跟踪失败的情况。

1.3.2　计算机工程导向类脑模型及算法

1. 类脑模型

在计算机工程导向的类脑模型中，最具有代表性的为 DNN，而在计算机视觉领域，卷积神经网络（Convolutional Neural Networks，CNN）是学习图像内容的最佳技术之一，在目标检测与跟踪等相关任务方面均表现出了良好的性能。

早在 20 世纪 80 年代后期，CNN 已应用于视觉任务。1989 年，LeCuN 等人提出了第一个名为 ConvNet 的多层 CNN，并提出了 ConvNet 的监督训练，使用了反向传播（BP）算法。这部分工作为之后的二维 CNN 奠定了基础。然而，在 20 世纪 90 年代末和 21 世纪初，研究者发现深度神经网络通常具有复杂的体系结构和时间密集型训练阶段。2000 年年初，只有很少的技术可以训练深度网络，与计算时间的大量增加相比，CNN 在性能提升方面显得非常微弱，因此研究者认为 CNN 无法解决复杂的问题，这使得 CNN 研究逐渐变得沉寂。直到 2006 年 Hinton 针对深度架构提出了贪婪逐层预训练方法，同时，研究者开始使用图形处理单元（Graphics Processing Unit，GPU）加速深度 CNN 体系结构的训练，为 CNN 训练过程耗时量大的问题提供了解决方案。2010 年，李飞飞在斯坦福大学的研究组建立了 ImageNet 大型图像数据库，其中包含数百万个带有标签的图像，为 CNN 的训练提供了大量样本。此后，CNN 得到了快速发展。

2012 年，AlexNet 赢得了 2012 – ILSVRC 竞赛，其通过加深网络层级提高了网络性能，并引入随机失活（Dropout）防止过拟合，与当时的传统技术相比，AlexNet 取得了优异的性能；2014 年，牛津大学小组提出的牛津大学视觉几何组（Visual Geometry Group，VGG）在 2014 – ILSVRC 竞赛中获得亚军。与 AlexNet 相比，VGG 使用较小的卷积核，使得参数更少，而网络层数则大大增加，在 VGG 中，特征图体积在每一层逐步加倍，深度从 9 层增加到 16 层。虽然网络更深，与 AlexNet 相比，其收敛速度更快，性能得到了进一步提升；同年，赢得了 2014 – ILSVRC 竞赛冠军的 GoogleNet 不仅通过更改层设计来降低计算成本，而且根据深度扩展了宽度，以改善 CNN 性能，与同时提出的 VGG 相比，GoogleNet 具有更好的性能，然而其结构较为复杂，因此不如 VGG 更常用。

2012 年—2014 年，CNN 学习能力的提高主要是通过增加 CNN 的深度和参数优化策略实现的。2016 年，研究者还结合深度探索了网络的宽度，以改进特征学习。除此之外，并没有新的突出的体系结构修改，而是使用已经提出的体系结构的混合来提高深层 CNN 性能。从 2012 年至今，已经出现多种 CNN 架构的改进。如今，CNN 架构的研究重点是开发新型有效的块架构，这些块在网络中起辅助学习的作用，可以通过利用空间、特征图信息或提升输入通道来改善整体性能。

2. 类脑算法

随着计算机工程导向类脑模型的不断发展，其在目标检测与跟踪领域得到了广泛的应用，并提出了多种基于计算机工程导向类脑模型的目标检测与跟踪算法。

1）目标检测算法

随着深度学习的快速发展，基于学习的特征表达在目标检测方面得到了广泛的应用，利用它进行目标检测的方法可分为两大类：一类是两步法，其检测过程分为两步，再生成候选框和识别框内物体，主要包括基于区域的卷积神经网络（Regions with CNN Features，R – CNN）及其改进算法 Fast R – CNN 与 Faster R – CNN；另一类是一步法，此类方法把整个目标检测流程统一在一起，利用输入图像进行处理后直接给出检测结果，主要包括单步多目标检测（Single Shot MultiBox Detector，SSD）和 You Only Look Once（YOLO）系列。

在两步法研究方面，Girshick 等于 2014 年将 CNN 应用于目标检测领域，提出了 R – CNN 方法，并基于 Caffe 平台实现了对目标的精确检测。该方法首次将 CNN 用在目标检测中，显著提高了目标检测性能，在 VOC（Visual Object Classes）2007 数据集上平均精度均值（mean Average Precision，mAP）达到了 58.5%。然而，由于该方法处理一帧图像需要利用 CNN 处理最多 2000 个候选区，因此导致其速度较慢。2015 年，Girshick 等将 He 等提出的空间金字塔池化网络（Spatial Pyramid Pooling Based Neural Network，SPPNet）引入 R – CNN 中，提出了 Fast R – CNN。与 R – CNN 相比，Fast R – CNN 在计算速度和检测准确率方面均得到了提升，训练速度快了 9 倍，检测速度快了 213 倍，在 VOC 2007 数据集上的 mAP 达到了 70.0%。之后，He 等利用区域生成网络（Regional Proposal Networks，RPN）取代了 Fast R – CNN 中的选择搜索算法，提出了 Faster R – CNN 算法，进一步提高了检测精度和算法速度，在 VOC 2007 数据集上的 mAP 达到了 73.2%。

在一步法研究方面，Redmon 等于 2015 年提出了 YOLO 算法。与两步法不同，YOLO 算法将所有功能在一个卷积神经网络中完成，检测速度较 Fast R – CNN 有近 10 倍的提升，这使得深度学习目标检测算法在当时的计算能力下开始能够满足实时检测任务的需求。然而，YOLO 只针对 CNN 提取的特征中最后一层 7×7 的特征图进行分析，使得它对小目标的检测效果不佳。2016 年，Redmon 等提出了 YOLOv2 算法，改进了 YOLOv1 的网络结构，训练了一个高分辨率的分类网络（尺寸为 448×448），使得 mAP 获得了 4% 的提升。2018 年，Redmon 等设计了一种 Darknet – 53 网络，并将其应用于 YOLOv2 中，随后提出了 YOLOv3 算法，在 COCO test – dev 数据集上 mAP 达到了 57.9%。此外，Liu 等提出了 SSD 算法，与 YOLO 系列算法类似，SSD 算法同样仅利用一个卷积神经网络完成了所有操作，同时利用多层网络特征，其检测精度与一步法相当，而运行速度与 YOLO 系列相当。

2）目标跟踪算法

自 2015 年以来，深度学习逐渐开始应用于目标跟踪领域。在 VOT（Visual Object Tracking）2015 竞赛中，Nam 等提出的基于深度学习的多域卷积神经网络（Multi – Domain Convolutional Neural Networks，MDNet）算法和 Danelljan 等提出的结合深度特征的相关滤波方法 DeepSRDCF（Deep Spatially Regularized Discriminative Correlation）均取得了优异的成绩。之后，越来越多基于深度学习的目标跟踪算法被提出，具有代表性的有 Ma 等提出的分层卷积特征算法（Hierarchical Convolutional Features，HCF），Kahou 等提出的循环注意力跟踪模型（Recurrent Attentive Tracking Model，RATM），Bertinetto 等提出的全卷积孪生网络（Fully – Convolutional Siamese Networks，SiameseFC）算法和 Wang 等提出的 SiamMask 算法等。

小　结

人脑视觉系统是一个复杂的信息处理系统，具有多种独特的信息处理机制。在目前已有的两种类脑计算模型中，神经工程导向的类脑模型具有无须训练样本、对硬件计算能力要求较低和具有生物可解释性等优势，而计算机工程导向的类脑模型具有图像特征提取能力较强以及无须手工设计特征等优势。将类脑计算模型应用于目标检测与跟踪领域，有利于解决背景复杂、目标微弱、目标被遮挡和相似物干扰等常见问题，从而实现复杂条件下的高精度目标检测与跟踪。

本书主要面向复杂背景下的目标检测与跟踪问题，开展基于类脑计算模型的复杂背景下目标检测与跟踪技术研究，重点论述了基于神经工程导向类脑计算模型（侧抑制、感受野、脉冲发放、视觉注意和认知记忆等）和 DNN 等基于计算机工程导向类脑计算模型的目标检测与跟踪算法，以及基于类脑计算硬件平台的目标检测与跟踪，为实现复杂背景下的高精度目标检测与跟踪奠定了理论、方法及应用基础。

参 考 文 献

［1］尹宏鹏，陈波，柴毅，等. 基于视觉的目标检测与跟踪综述［J］. 自动化学报，2016，42（10）：1466 – 1489.

［2］Yaser S，Mubarak S. Bayesian modeling of dynamic scenes for object detection［J］. IEEE Transactions on Pattern Analysis & Machine Intelligence，2005，27（11）：1778 – 1792.

［3］Wu Y，Lim J，Yang M H. Online Object Tracking：A Benchmark［C］// Computer Vision & Pattern Recognition. IEEE，2013：2411 – 2418.

［4］Sun Y Q，Tian J W，Liu J. Background suppression based – on wavelet transformation to detect infrared target［C］// 2005 International Conference on Machine Learning and Cybernetics. IEEE，2005，8：4611 – 4615.

［5］Arulampalam M，Maskell S，Gordon N，et al. A Tutorial on Particle Filters for Online

Nonlinear/Non – Gaussian Bayesian Tracking [J]. IEEE Transactions on Signal Processing, 2002, 50: 174 – 188.

[6] Thorpe S, Fize D, Marlot C. Speed of processing in the human visual system [J]. Nature, 1996, 381 (6582): 520.

[7] Huxlin K R. The Human Visual System [M]. //The Focal Encyclopedia of Photography. Amsterdam, Netherland: Elsevier, 2007: 629 – 636.

[8] Dai S, Liu Q, Li P, et al. Study on infrared image detail enhancement algorithm based on adaptive lateral inhibition network [J]. Infrared Physics & Technology, 2015, 68: 10 – 14.

[9] Anderson J R. Cognitive psychology and its implications [M]. London, UK: Macmillan, 2005.

[10] Conway M A. Cognitive models of memory [M]. Massachusetts, USA: MIT Press, 1997.

[11] 黄铁军，施路平，唐华锦，等. 多媒体技术研究：2015——类脑计算的研究进展与发展趋势 [J]. 中国图像图形学报，2016，21 (11): 1411 – 1424.

[12] Lipton A J, Fujiyoshi H, Patil R S. Moving Target Classification and Tracking from Real – time Video [C]//Washington, DC, USA, 1998.

[13] Wren C R, Azarbayejani A, Darrell T, et al. Pfinder: Real – time tracking of the human body [J]. IEEE Transactions on Pattern Analysis & Machine Intelligence, 1997, 19 (7): 780 – 785.

[14] Stauffer C, Grimson W E L. Learning patterns of activity using real – time tracking [J]. IEEE Transactions on Pattern Analysis & Machine Intelligence, 2000, 22 (8): 747 – 757.

[15] Zivkovic Z. Improved Adaptive Gaussian Mixture Model for Background Subtraction [C]// Proceedings of the 17th International Conference on Pattern Recognition, 2004. ICPR 2004. IEEE, 2004, 2: 28 – 31.

[16] Elgammal A, Duraiswami R, Harwood D, et al. Background and Foreground Modeling Using Nonparametric Kernel Density for Visual Surveillance [J]. Proc. IEEE, 2002, 90 (7): 1151 – 1163.

[17] Kim K, Chalidabhongse T H, Harwood D, et al. Background modeling and subtraction by codebook construction [C]//International Conference on Image Processing. IEEE, 2004, 5: 3061 – 3064.

[18] Han B, Comaniciu D, Zhu Y, et al. Sequential kernel density approximation and its application to real – time visual tracking [J]. IEEE Transactions on Pattern Analysis and Machine Intelligence, 2008, 30 (7): 1186 – 1197.

[19] Piccardi M, Jan T. Mean – shift background image modelling [C]//International Conference on Image Processing. IEEE, 2004, 5: 3399 – 3402.

[20] Oliver N M, Rosario B, Pentland A P. A Bayesian computer vision system for modeling human interactions [J]. IEEE Transactions on Pattern Analysis & Machine Intelligence, 2000, 22 (8): 255 – 272.

[21] Lowe D G. Distinctive Image Features from Scale – Invariant Keypoints [J]. International Journal of Computer Vision, 2004, 60 (2): 91 – 110.

［22］ Dalal N, Triggs B. Histograms of Oriented Gradients for Human Detection ［C］// IEEE Computer Society Conference on Computer Vision & Pattern Recognition. IEEE, 2005, 1: 886 – 893.

［23］ Ke Y, Sukthankar R. PCA – SIFT: A more distinctive representation for local image descriptors ［C］// Computer Vision and Pattern Recognition, 2004. CVPR 2004. Proceedings of the 2004 IEEE Computer Society Conference on. IEEE, 2004, 2: II – II

［24］ Bay H, Ess A, Tuytelaars T, et al. Speeded – up Robust Features (SURF) ［J］. Computer Vision & Image Understanding, 2008, 110 (3): 346 – 359.

［25］ Zhu Q, Yeh M C, Cheng K T, et al. Fast Human Detection Using a Cascade of Histograms of Oriented Gradients ［C］// IEEE Computer Society Conference on Computer Vision & Pattern Recognition. IEEE, 2006, 2: 1491 – 1498.

［26］ Jain A K, Ratha N K, Lakshmanan S. Object detection using gabor filters ［J］. Pattern Recognition, 1997, 30 (2): 295 – 309.

［27］ Ahonen T, Hadid A, Pietikäinen M. Face Recognition with Local Binary Patterns ［C］// Berlin, Heidelberg, 2004.

［28］ Bourdev L, Malik J. Poselets: Body part detectors trained using 3D human pose annotations ［C］// Washington, DC, USA, 2009.

［29］ Wu J, Rehg J M. CENTRIST: A Visual Descriptor for Scene Categorization ［J］. IEEE Transactions on Pattern Analysis and Machine Intelligence, 2011, 33 (8): 1489 – 1501.

［30］ Yan S, Shan S, Chen X, et al. Locally Assembled Binary (LAB) feature with feature – centric cascade for fast and accurate face detection ［C］// Washington, DC, USA, 2008.

［31］ Vadivel A, Sural S, Majumdar A K. An Integrated Color and Intensity Co – occurrence Matrix ［J］. Pattern Recognition Letters, 2007, 28 (8): 974 – 983.

［32］ Walk S, Majer N, Schindler K, et al. New features and insights for pedestrian detection ［C］// Washington, DC, USA, 2010.

［33］ Anna B, Andrew Z, Xavier M O. Scene classification using a hybrid generative/ discriminative approach ［J］. IEEE Transactions on Pattern Analysis & Machine Intelligence, 2008, 30 (4): 712 – 727.

［34］ Bar – Shalom Y, Willett P K, Tian X. Tracking and data fusion ［M］. CT, USA: YBS Publishing Storrs, 2011.

［35］ Li P, Zhang T, Ma B. Unscented Kalman filter for visual curve tracking ［J］. Image and Vision Computing, 2004, 22 (2): 157 – 164.

［36］ Zhang X, Hu W, Zhao Z, et al. SVD based Kalman particle filter for robust visual tracking ［C］// Washington, DC, USA, 2008.

［37］ Zhang X, Hu W, Maybank S. A smarter particle filter ［C］// Berlin, Heidelberg, 2009. Springer.

［38］ Zhou S K, Chellappa R, Moghaddam B. Visual tracking and recognition using appearance – adaptive models in particle filters ［J］. IEEE Transactions on Image Processing, 2004, 13 (11): 1491 – 1506.

[39] Li Y, Ai H, Yamashita T, et al. Tracking in low frame rate video: A cascade particle filter with discriminative observers of different life spans [J]. IEEE Transactions on Pattern Analysis and Machine Intelligence, 2008, 30 (10): 1728 – 1740.

[40] Bolme D S, Beveridge J R, Draper B A, et al. Visual object tracking using adaptive correlation filters [C] // Washington, DC, USA, 2010. IEEE.

[41] Henriques J A O F, Caseiro R, Martins P, et al. Exploiting the circulant structure of tracking – by – detection with kernels [C] // Berlin, Heidelberg, 2012. Springer.

[42] Danelljan M, Khan F S, Felsberg M, et al. Adaptive Color Attributes for Real – Time Visual Tracking [C] // Washington, DC, USA, 2014. IEEE.

[43] Henriques J F, Caseiro R, Martins P, et al. High – Speed Tracking with Kernelized Correlation Filters [J]. IEEE Transactions on Pattern Analysis & Machine Intelligence, 2015, 37 (3): 583 – 596.

[44] Li Y, Zhu J. A scale adaptive kernel correlation filter tracker with feature integration [C] // Berlin, Heidelberg, 2014. Springer.

[45] Danelljan M, Häger G, Khan F S, et al. Accurate Scale Estimation for Robust Visual Tracking [C] // Berlin, Heidelberg, 2014. Springer.

[46] Danelljan M, Hager G, Khan F S, et al. Discriminative Scale Space Tracking [J]. IEEE Transactions on Pattern Analysis & Machine Intelligence, 2017, 39 (8): 1561 – 1575.

[47] 王立. 视觉机制研究及其在红外成像制导中的应用 [D]. 西安: 西北工业大学, 2003.

[48] 汪云九, 顾凡及. 侧抑制网络中的信息处理 [M]. 北京: 科学出版社, 1983.

[49] 福岛邦彦. 视觉生理与仿生学 [M]. 北京: 科学出版社, 1980.

[50] 孙复川, 杨润才, 戴树平. 从强背景干扰中提取图象信息——借鉴视觉侧抑制原理进行图像信息处理 [J]. 电子学报, (4): 70 – 74.

[51] 许建忠. 基于侧抑制的红外图像自适应预处理 [J]. 光电子·激光, 2010 (4): 606 – 609.

[52] 赵大炜, 訾方, 张科, 等. 基于侧抑制网络的红外图像预处理 [J]. 弹箭与制导学报, 2005, 25 (4): 213 – 215.

[53] 史漫丽, 彭真明, 张启衡, 等. 基于自适应侧抑制网络的红外弱小目标检测 [J]. 强激光与粒子束, (4): 60 – 64.

[54] 许芃. 基于生物视觉的地面红外运动目标检测技术研究 [D]. 北京: 北京理工大学, 2014.

[55] Daugman J G. Uncertainty Relation for Resolution in Space, Spatial Frequency, and Orientation Optimized by Two – Dimensional Visual Cortical Filters [J]. Journal of the Optical Society of America A Optics & Image Science, 1985, 2 (7): 1160 – 1169.

[56] 桑农, 唐奇伶, 张天序. 基于初级视皮层抑制的轮廓检测方法 [J]. 红外与毫米波学报, 2007, 26 (1): 47 – 51, 60.

[57] 李言俊, 张科. 视觉仿生成像制导技术及应用 [M]. 北京: 国防工业出版社, 2006.

[58] Eckhorn R, Bauer R, Jordan W, et al. Coherent oscillations: A mechanism of feature linking in the visual cortex? [J]. Biological Cybernetics, 1988, 60 (2): 121 – 130.

[59] Gray C M, K Nig P, Engel A K, et al. Oscillatory responses in cat visual cortex exhibit inter – columnar synchronization which reflects global stimulus properties [J]. Nature, 1989, 338 (6213): 334 – 337.

[60] Eckhorn R, Reitboeck H, Arndt M, et al. Feature Linking via Synchronization among Distributed Assemblies: Simulations of Results from Cat Visual Cortex [J]. Neural Computation, 2014.

[61] Johnson J L, Ritter D. Observation of periodic waves in a pulse – coupled neuralnetwork [J]. Optics Letters, 1993, 18 (15): 1253 – 1255.

[62] Johnson L J. Pulse – coupled neural nets: translation, rotation, scale, distortion, and intensity signal invariance for images [J]. Applied Optics, 1994, 33 (26): 6239.

[63] Wei S, Hong Q, Hou M. Automatic image segmentation based on PCNN with adaptive threshold time constant [J]. Neurocomputing, 2011, 74 (9): 1485 – 1491.

[64] Wang Z, Ma Y, Cheng F, et al. Review of pulse – coupled neural networks [J]. Image & Vision Computing, 2010, 28 (1): 5 – 13.

[65] Zhang Y D, Lenan W U, Wang S H, et al. Color image enhancement based on HVS and PCNN [J]. Science China (Information Sciences), 2010 (10): 1963 – 1976.

[66] Chen Y, Park S K, Ma Y, et al. A New Automatic Parameter Setting Method of a Simplified PCNN for Image Segmentation [J]. IEEE Transactions on Neural Networks, 2011, 22 (6): 880 – 892.

[67] 廖传柱, 张旦, 江铭炎. 基于 ABC – PCNN 模型的图像分割 [J]. 南京理工大学学报, 2014 (4).

[68] 曲仕茹, 杨红红. 基于遗传算法参数优化的 PCNN 红外图像分割 [J]. 强激光与粒子束, 2015 (5): 38 – 43.

[69] Borji A, Itti L. State – of – the – Art in Visual Attention Modeling [J]. IEEE Transactions on Pattern Analysis & Machine Intelligence, 35 (1): 185 – 207.

[70] Bylinskii Z, DeGennaro E M, Rajalingham R, et al. Towards the quantitative evaluation of visual attention models [J]. Vision Research, 2015, 116: 258 – 268.

[71] 罗四维. 视觉信息认知计算理论 [M]. 北京: 科学出版社, 2010.

[72] Koch C, Ullman S. Shifts in selective visual attention: towards the underlying neural circuitry [C] // Matters of intelligence. Berlin, Heidelberg: Springer, 1987: 115 – 141.

[73] Treisman A M, Gelade G. A feature – integration theory of attention [J]. Cognitive Psychology, 1980, 12 (1): 97 – 136.

[74] Baluja S, Pomerleau D A. Using a saliency map for active spatial selective attention: Implementation & initial results [C] // California, USA, 1995.

[75] Tsotsos J K, Culhane S M, Wai W Y K, et al. Modeling visual attention via selective tuning [J]. Artificial intelligence, 1995, 78 (1 – 2): 507 – 545.

[76] Itti L, Koch C, Niebur E. A model of saliency – based visual attention for rapid scene analysis [J]. IEEE Transactions on Pattern Analysis and Machine Intelligence, 1998, 20 (11): 1254 – 1259.

［77］ Harel J, Koch C, Perona P. Graph – based visual saliency ［C］// San Mateo, CA, 2007.

［78］ Achanta R, Estrada F, Wils P, et al. Salient region detection and segmentation ［C］// Berlin, Heidelberg, 2008. Springer.

［79］ Baluch F, Itti L. Mechanisms of top – down attention ［J］. Trends in Neurosciences, 2011, 34 （4）: 210 – 224.

［80］ Navalpakkam V, Itti L. An integrated model of top – down and bottom – up attention for optimizing detection speed ［C］// Washington, DC, USA, 2006. IEEE.

［81］ Marchesotti L, Cifarelli C, Csurka G. A framework for visual saliency detection with applications to image thumbnailing ［C］// Washington, DC, USA, 2009. IEEE.

［82］ Li L, Ren J, Wang X. Fast cat – eye effect target recognition based on saliency extraction ［J］. Optics Communications, 2015, 350: 33 – 39.

［83］ Gong C. Infrared Dim Small Target Detection Based on Morphological Band – Pass Filtering and Scale Space Theory ［J］. Acta Optica Sinica, 2012, 32 （10）: 144 – 151.

［84］ Lei L, Zhijian H. Infrared dim target detection technology based on background estimate ［J］. Infrared Physics & Technology, 2014, 62: 59 – 64.

［85］ Waugh N C, Norman D A. Primary memory ［J］. Psychological Review, 1965, 72 （2）: 89.

［86］ Atkinson R C, Shiffrin R M. Human memory: A proposed system and its control processes ［C］// Psychology of learning and motivation. Amsterdam, Netherland: Elsevier, 1968: 89 – 195.

［87］ Shiffrin R M, Atkinson R C. Storage and retrieval processes in long – term memory ［J］. Psychological Review, 1969, 76 （2）: 179.

［88］ Craik F I, Lockhart R S. Levels of processing: A framework for memory research ［J］. Journal of Verbal Learning and Verbal Behavior, 1972, 11 （6）: 671 – 684.

［89］ Baddeley A D, Hitch G. Working memory ［C］// Psychology of learning and motivation. Amsterdam, Netherland: Elsevier, 1974: 47 – 89.

［90］ Wang Y, Electr D O. Cognitive models of the brain, Washington, DC, USA, 2002. IEEE.

［91］ 王延江, 齐玉娟. 视觉注意和人脑记忆机制启发下的感兴趣目标提取与跟踪 ［M］. 北京: 科学出版社, 2016.

［92］ Amer A. Memory – based spatio – temporal real – time object segmentation for video surveillance ［C］// Santa Clara, USA, 2003. International Society for Optics and Photonics.

［93］ Kang H, Cho S. Short – term memory – based object tracking ［C］// Berlin, Heidelberg, 2004. Springer.

［94］ Montemayor A S, Pantrigo J J E, Hern A Ndez J. A memory – based particle filter for visual tracking through occlusions ［C］// Berlin, Heidelberg, 2009. Springer.

［95］ Mikami D, Otsuka K, Yamato J. Memory – based Particle Filter for face pose tracking robust under complex dynamics ［C］// Washington, DC, USA, 2009. June.

［96］ 齐玉娟，王延江. 基于人类记忆模型的粒子滤波鲁棒目标跟踪算法［J］. 模式识别与
人工智能，2012，25（5）：810－816.

［97］ 齐玉娟，王延江，李永平. 基于记忆的混合高斯背景建模［J］. 自动化学报，2010，
36（11）：1520－1526.

［98］ Dan C C，Giusti A，Gambardella L M，et al. Deep Neural Networks Segment Neuronal
Membranes in Electron Microscopy Images［J］. Advances in Neural Information Processing
Systems，2012，25：2852－2860.

［99］ Liu X，Deng Z，Yang Y. Recent progress in semantic image segmentation［J］. Artificial
Intelligence Review，2018.

［100］ Lecun Y，Boser B，Denker J，et al. Backpropagation Applied to Handwritten Zip Code
Recognition［J］. Neural Computation，1989，1（4）：541－551.

［101］ Hinton G E，Osindero S，Teh Y W. A fast learning algorithm for deep belief nets.［J］.
Neural Computation，2006.

［102］ Oh K S，Jung K. GPU implementation of neural networks［J］. Pattern Recognition，
2004，37（6）：1311－1314.

［103］ Strigl D，Kofler K，Podlipnig S. Performance and Scalability of GPU－Based Convolutional
Neural Networks［C］//2010.

［104］ Russakovsky O，Deng J，Su H，et al. ImageNet Large Scale Visual Recognition Challenge
［J］. International Journal of Computer Vision，2015.

［105］ Krizhevsky A，Sutskever I，Hinton G E. ImageNet Classification with Deep Convolutional
Neural Networks［J］. Communications of the Acm，2017，60（6）：84－90.

［106］ Simonyan K，Zisserman A. Very Deep Convolutional Networks for Large－Scale Image
Recognition［J］. arXiv 1409. 1556，2014.

［107］ Szegedy C，Liu W，Jia Y，et al. Going deeper with convolutions［C］//Proceedings of the
IEEE conference on computer vision and pattern recognition. 2015：1－9.

［108］ Zagoruyko S，Komodakis N. Wide residual networks［J］. arXiv preprint arXiv：1605.
07146，2016.

［109］ Han D，Kim J，Kim J. Deep pyramidal residual networks［C］//2017.

［110］ Huang G，Sun Y，Liu Z，et al. Deep networks with stochastic depth［C］//2016.
Springer.

［111］ Kuen J，Kong X，Wang G，et al. DelugeNets：deep networks with efficient and flexible
cross－layer information inflows［C］//2017.

［112］ Lv E，Wang X，Cheng Y，et al. Deep ensemble network based on multi－path fusion
［J］. Artificial Intelligence Review，2019，52（1）：151－168.

［113］ Yamada Y，Iwamura M，Kise K. Deep pyramidal residual networks with separated
stochastic depth［J］. arXiv preprint arXiv：1612. 01230，2016.

［114］ Girshick R，Donahue J，Darrell T，et al. Rich feature hierarchies for accurate object
detection and semantic segmentation［C］//Washington，DC，USA，2014.

［115］ Girshick R. Fast R－CNN［C］//Washington，DC，USA，2015.

[116] He K, Zhang X, Ren S, et al. Spatial pyramid pooling in deep convolutional networks for visual recognition [J]. IEEE Transactions on Pattern Analysis and Machine Intelligence, 2015, 37 (9): 1904－1916.

[117] Ren S, He K, Girshick R, et al. Faster R－CNN: towards real－time object detection with region proposal networks [C] // Berlin, Heidelberg, 2015.

[118] Redmon J, Divvala S K, Girshick R B, et al. You Only Look Once: Unified, Real－Time Object Detection [J]. CoRR, 2015, abs/1506.02640.

[119] Redmon J, Farhadi A. YOLO9000: better, faster, stronger, Washington [C] // DC, USA, 2017.

[120] Redmon J, Farhadi A. YOLOv3: An incremental improvement [J]. arXiv preprint arXiv: 1804.02767, 2018.

[121] Liu W, Anguelov D, Erhan D, et al. SSD: Single shot multibox detector [C] // Berlin, Heidelberg, 2016. Springer.

[122] Nam H, Han B. Learning multi－domain convolutional neural networks for visual tracking, Washington [C] // DC, USA, 2016. IEEE.

[123] Danelljan M, Hager G, Shahbaz Khan F, et al. Convolutional features for correlation filter based visual tracking [C] // Washington, DC, USA, 2015. IEEE.

[124] Ma C, Huang J, Yang X, et al. Hierarchical convolutional features for visual tracking [C] // Washington, DC, USA, 2015. IEEE.

[125] Kahou S E, Michalski V, Memisevic R, et al. RATM: recurrent attentive tracking model [C] // Washington, DC, USA, 2017. IEEE.

[126] Bertinetto L, Valmadre J, Henriques J F, et al. Fully－convolutional siamese networks for object tracking [C] // Berlin, Heidelberg, 2016. Springer.

[127] Wang Q, Zhang L, Bertinetto L, et al. Fast online object tracking and segmentation: A unifying approach [C] // Washington, DC, USA, 2019. IEEE.

第 2 章
人脑视觉系统的侧抑制机制及其应用

侧抑制机制是人脑视觉系统中的一项重要机制，具有增强反差和突出边缘等特性，在目标检测、模式识别以及光电跟踪等领域具有重要的应用价值。近年来，研究者不仅从神经工程角度研究侧抑制的生物学机理，同时还在侧抑制机制的数学建模、硬件模拟和算法设计等方面进行了大量的研究，部分成果已在工程领域得到了应用。

2.1 侧抑制机制及常规数学模型

2.1.1 侧抑制机制

侧抑制现象最初是 Hartline 等在鲎的电生理实验中发现的。鲎复眼中的每个小眼都可以看作由光学系统、感光细胞及神经纤维组成的独立视觉感受单元，称为光感受器。研究者发现这些光感受器对周围邻近的光感受器具有相互抑制的作用，光感受器之间的距离越近，相互间的抑制作用越明显，并且这种抑制作用在空间上是可以叠加的。人眼中也存在同样的作用机制，将视网膜上的光感受细胞看成光感受器，当受到光刺激时，它们在空间上会产生互相抑制的作用，并且这种作用可在空间上叠加。在视网膜成像中，光照较亮的区域中的光感受器单元对光照较暗的区域中的光感受器单元具有更强的抑制作用。因此，光照亮的区域会显得更加亮，暗的区域会显得更加暗，从而增强了反差。另外，由于距离较近的光感受器比距离较远的光感受器的抑制作用更强，因而在视网膜成像中的强度梯度变得更陡，从而增强了边缘的反差。

已有研究表明，侧抑制机制在图像处理方面具有以下作用：

（1）增强反差，突出边界。侧抑制作用所产生的马赫带现象如图 2.1 所示。人眼在观察一片均匀暗和均匀亮的区域边界时，主观感受会让边界的暗区域产生一条更暗的区域，在边界的亮区域产生一条更亮的区域。

（2）可作为高通滤波器。由于侧抑制网络可以抑制相似信息，在空间上可作为高通滤波器抑制图像的背景和低频相似信息。

（3）具有明显的聚类作用，可对图像的细微间断处进行拟合。

2.1.2 常规侧抑制模型

根据不同的研究对象，研究者提出了多种数学模型来解释和模拟侧抑制现象，如表 2.1 所示。

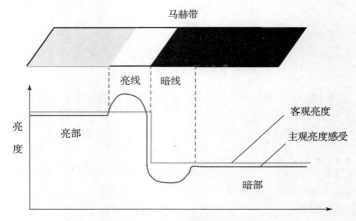

图 2.1   马赫带现象

表 2.1   常规侧抑制数学模型

提出者	表达式	感觉	器官	对象
Bekesy	$r_p = \sum\limits_{j=1}^{n} k_{p,j} I_j$	听觉	耳蜗	人
Mach	$r_p = I_p \dfrac{k I_p}{\sum\limits_{j=1}^{n} k_{p,j} I_j}$	视觉	视网膜	人
Fry	$r_p = \log \dfrac{I_p}{1 + \sum\limits_{j=1}^{n} k_{p,j} I_j}$	视觉	视网膜	
Taylor	$r_p = e_p + \sum\limits_{j=1}^{n} k_{p,j} r_j$	视觉	视网膜	脊椎动物
Huggins&Lider	$r_p = \dfrac{e_p}{1 + \sum\limits_{j=1}^{n} k_{p,j} e_j}$	听觉 触觉 视觉		人
Hatrline&Ratliff	$r_p = e_p + \sum\limits_{j=1}^{n} k_{p,j}(r_j - r_{p,j}^0)$	视觉	视网膜	鲨

通常来说,侧抑制模型可分为循环和非循环两种。在循环侧抑制模型中,中心单元所受到的抑制效果来自其周围单元的输出;而非循环侧抑制模型中,中心单元所受到的抑制效果来自其周围单元的输入。在应用最广泛的 Hatline – Ratliff 模型中,同样包括非循环侧抑制和循环侧抑制,计算公式如下:

$$\begin{cases} r_a = e_a - h_{ab} \cdot e_b \\ r_b = e_b - h_{ba} \cdot e_a \end{cases} \qquad (2.1)$$

$$\begin{cases} r_a = e_a - h_{ab} \cdot r_b \\ r_b = e_b - h_{ba} \cdot r_a \end{cases} \tag{2.2}$$

式中，e_a 和 e_b 表示感受器的输入刺激；h_{ab} 和 h_{ba} 表示感受器 a 和感受器 b 之间的抑制系数；r_a 和 r_b 表示感受器的输出响应。式（2.1）和式（2.2）分别表示非循环侧抑制和循环侧抑制。

由于循环侧抑制网络计算量较大，工程应用中大多采用非循环侧抑制网络。在图像处理领域，侧抑制网络的二维数学模型为

$$R(x,y) = F(x,y) - \sum_{m=-r}^{r} \sum_{n=-r}^{r} g(m,n)F(x+m,y+n) \tag{2.3}$$

式中，$R(x, y)$ 为经过侧抑制网络处理后输出的灰度值；$F(x, y)$ 为输入图像的灰度值；$g(m, n)$ 为像素点 (m, n) 对像素点 (x, y) 的侧抑制系数；r 为抑制区域半径。

2.2　新型侧抑制模型设计

本章建立了自适应侧抑制模型和演算侧抑制模型两种新型侧抑制模型。其中，自适应侧抑制模型主要采用数学公式模拟侧抑制机制，而演算侧抑制模型则通过逻辑推理过程模拟侧抑制机制。

2.2.1　自适应侧抑制模型

已有研究表明，侧抑制作用会随着感受器之间的距离变大而变弱。因此，可以将侧抑制系数的分布视为感受器之间相隔距离的函数。其中，各向异性高斯核函数可描述侧抑制效果随着感受器单元相隔距离变大而减弱的性质，同时可根据图像灰度信息自适应计算侧抑制系数。

如图 2.2（a）所示，如对高斯核函数在 x 方向上和 y 方向上采用不同的尺度，则它在 $x-y$ 平面上的投影为关于原点对称的椭圆形，即

$$G(x,y,\sigma) = \frac{1}{2\pi\sigma_x\sigma_y}\exp\left[-\frac{1}{2}\left(\frac{x^2}{\sigma_x^2} + \frac{y^2}{\sigma_y^2}\right)\right] \tag{2.4}$$

式中，σ_x^2，σ_y^2 分别为 x，y 方向的方差。

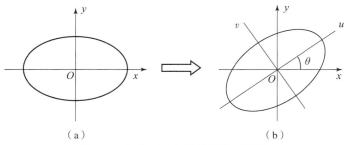

图 2.2　各向异性高斯核函数的投影

（a）$x-y$ 坐标系中的各向异性高斯核函数；（b）$u-v$ 坐标系中各向异性高斯核函数

如将该椭圆以原点为中心旋转 θ 角度后，可利用下式将 $x-y$ 坐标系变换到 $u-v$ 坐标系，同时获得各向异性高斯核函数 [图 2.2（b）]，即

$$\begin{bmatrix} u \\ v \end{bmatrix} = \begin{bmatrix} \cos\theta & \sin\theta \\ -\sin\theta & \cos\theta \end{bmatrix} \begin{bmatrix} x \\ y \end{bmatrix} \tag{2.5}$$

式中，θ 为旋转角；u 轴沿着 θ 角方向；v 轴垂直于 θ 角方向。

联立式（2.4）和式（2.5）可得各向异性高斯函数表达式（2.6），即可以依据像素点的位置和灰度值自适应计算两像素点之间的抑制系数：

$$G_\theta(u,v;\sigma_u,\sigma_v,\theta) = \frac{1}{2\pi\sigma_u\sigma_v}\exp\left[-\frac{1}{2}\left(\frac{(x\cos\theta + y\sin\theta)^2}{\sigma_u^2} + \frac{(-x\sin\theta + y\cos\theta)^2}{\sigma_v^2}\right)\right] \tag{2.6}$$

将 σ_u 和 σ_v 均设为 1，则式（2.6）可以表示为

$$G_\theta(\theta) = \frac{1}{2\pi}\exp\left[-\frac{1}{2}\left((x\cos\theta + y\sin\theta)^2 + (-x\sin\theta + y\cos\theta)^2\right)\right] \tag{2.7}$$

然后，为了自适应地确定式（2.7）中的旋转角 θ，对输入图像的梯度信息进行奇异值分解，并计算图像局部区域的主能量方向角作为 θ 值，即可实现旋转角的自适应确定。

2.2.2 演算侧抑制模型

常规侧抑制模型主要通过数值计算方法模拟侧抑制机制，可分为循环和非循环侧抑制模型两种，其计算过程分别如图 2.3（a）和（b）所示。

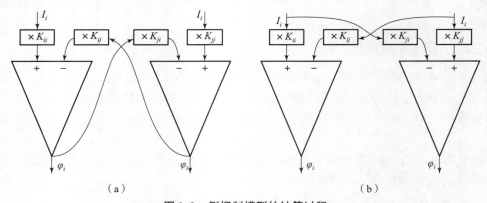

图 2.3 侧抑制模型的计算过程

（a）循环侧抑制；（b）非循环侧抑制

如图 2.3（a）所示，循环侧抑制模型将中心单元的输入 I_i 与系数 K_{ii} 相乘作为正输入，周围单元的输出反馈 φ_j 与系数 K_{ij} 相乘作为负输入，两者相加即为中心单元的输出 φ_i；如图 2.3（b）所示，对于非循环侧抑制模型，其将中心单元的输入 I_i 与系数 K_{ii} 相乘作为正输入，周围单元的输入 I_j 与系数 K_{ij} 相乘作为负输入，两者相加即为中心单元的输出 φ_i。两种侧抑制模型的计算过程可分别表示如下：

$$\begin{cases} \varphi_i = K_{ii} \times I_i - K_{ij} \times \varphi_j \\ \varphi_j = K_{jj} \times I_j - K_{ji} \times \varphi_i \end{cases} \tag{2.8}$$

$$\begin{cases} \varphi_i = K_{ii} \times I_i - K_{ij} \times I_j \\ \varphi_j = K_{jj} \times I_j - K_{ji} \times I_i \end{cases} \tag{2.9}$$

将上述侧抑制模型中的计算过程转换成推理过程，即将计算公式演化成推理规则，则形成了基于推理的侧抑制模型，即演算侧抑制（Algorithmic Lateral Inhibition，ALI）模型。相

应地，ALI 模型也可分为循环 ALI 模型和非循环 ALI 模型两种，其推理过程如图 2.4 所示。

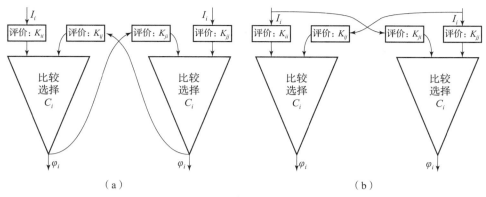

图 2.4　ALI 模型的推理过程

（a）循环 ALI；（b）非循环 ALI

图 2.4（a）所示为循环 ALI 模型的推理过程，它是将循环侧抑制模型中与某个系数相乘的数学过程转换成利用评价函数进行评价的过程，同时将两个输入相加的过程转换成利用一个比较选择单元进行推理的过程。循环 ALI 模型的作用过程为：将中心单元的输入 I_i 与周围单元的输出 φ_j 分别经过评价函数 K_{ii} 与 K_{ij} 进行评价，作为循环 ALI 模型的输入，然后在循环 ALI 模型中按照比较规则 C_i 对两个输入进行比较，得到当前单元的输出结果 φ_i。

非循环 ALI 模型如图 2.4（b）所示，其与循环 ALI 模型具有相似的推理过程：首先将中心单元的输入 I_i 与周围单元的输入 I_j 分别经过评价函数 K_{ii} 与 K_{ij} 进行评价，作为非循环 ALI 模型的输入；然后在非循环 ALI 模型中按照比较规则 C_i 对两个输入进行比较，得到当前单元的输出结果 φ_i。因此，循环 ALI 模型实现的是一个时域动态的过程，输入会受到输出的影响；而在非循环 ALI 模型中，输入不受输出的影响。

2.3　基于自适应侧抑制模型的目标检测算法

2.3.1　算法设计

受红外探测器噪声、自然环境和其他因素的影响，红外图像通常较为模糊，对比度低，并具有严重的背景杂波。此外，当探测器距离较远时，目标在图像中占据的像素较少，几乎无法利用其外形和纹理信息。因此，复杂背景下的弱小目标检测已经成为一个具有挑战性的任务。针对上述问题，本章在所建立的自适应侧抑制模型的基础上，提出了一种基于侧抑制和奇异值分解的红外目标检测方法：首先，对图像块的梯度信息进行奇异值分解，构造局部结构描述子反映局部结构信息；然后，将局部结构描述子与侧抑制网络结合，实现背景抑制和目标增强；最后，利用局部主能量方向角确定侧抑制网络中的方向角参数，实现自适应侧抑制滤波，进而实现复杂条件下的弱小目标和面目标检测。

1. 构造局部结构描述子

作为一种数据分析手段，奇异值分解被广泛应用于图像去噪。在所提出的算法中，为了自适应地确定侧抑制系数中的方向参数和构造局部结构描述子，要先对图像块的梯度信息进行奇异值分解。首先，利用式（2.10）计算图像 I 在像素点 (x_i, y_i) 的梯度信息；然后，将获得的梯度信息进行排列得到矩阵 $T(n \times 2)$，其中 n 为图像块中的像素点个数；最后，利用式（2.11）对矩阵 T 进行奇异值分解，得到正交矩阵 $U(n \times n)$、正交矩阵 $V(2 \times 2)$ 和奇异值矩阵 $S(n \times 2)$。

式（2.10）和式（2.11）的表达形式如下：

$$\nabla I(i) = \nabla I(x_i, y_i) = \left[\frac{\partial I(x_i, y_i)}{\partial x}, \frac{\partial I(x_i, y_i)}{\partial y} \right]^{\mathrm{T}} \tag{2.10}$$

$$T = \begin{bmatrix} \nabla I(1)^{\mathrm{T}} \\ \nabla I(2)^{\mathrm{T}} \\ \nabla I(3)^{\mathrm{T}} \\ \vdots \\ \nabla I(n)^{\mathrm{T}} \end{bmatrix} = USV^{\mathrm{T}} \tag{2.11}$$

式中，矩阵 V 的第二列向量 $V_2 = [v_1, v_2]^{\mathrm{T}}$，可以利用下式计算图像局部区域的主能量方向角 O_d：

$$O_d = \arctan\left(\frac{v_1}{v_2}\right) \tag{2.12}$$

经过梯度域奇异值分解后，奇异值矩阵 S 的特征值 λ_1 和 λ_2 具有以下特性：在图像灰度变化缓慢、较为平坦的区域，$\lambda_1 \approx \lambda_2 \approx 0$；在图像的边缘区域及纹理较为一致区域，$\lambda_1 > \lambda_2 \approx 0$；在细节丰富的区域，$\lambda_1 > \lambda_2 > 0$。基于以上分析，$\lambda_1$ 和 λ_2 可用于描述图像的局部结构信息，利用下式建立结构描述子 $D_{\mathrm{LS}}(0 \leqslant D_{\mathrm{LS}} \leqslant 1)$，可用于表征不同种类的像素点：

$$\begin{cases} D = \lambda_1 + \lambda_2 \\ D_{\mathrm{LS}} = \dfrac{D - D_{\min}}{D_{\max} - D_{\min}} \end{cases} \tag{2.13}$$

式中，D_{LS} 可以反映图像的局部结构，分为以下三种情况：

（1）背景区域。灰度值变化较为平缓，具有一定的连续性，此时 $D_{\mathrm{LS}} \approx 0$。

（2）边缘区域。灰度梯度在垂直于边缘方向上较陡，此时 D_{LS} 较大。

（3）小目标或细节丰富区域。灰度值在各个方向上存在较大变化，此时 $D_{\mathrm{LS}} \approx 1$。

2. 改进的自适应侧抑制网络

在所提出的算法中，侧抑制系数由各向异性高斯函数自适应确定。同时，为了减少计算量，利用主能量方向角 O_d 确定各向异性高斯核函数中的旋转角 θ，最终，侧抑制系数可用下式计算：

$$G_\theta(\theta) = \frac{1}{2\pi} \exp\left[-\frac{1}{2}\left((x\cos O_d + y\sin O_d)^2 + (-x\sin O_d + y\cos O_d)^2 \right) \right] \tag{2.14}$$

同时，将局部结构描述子与侧抑制网络相乘，得到改进的侧抑制网络，如图 2.5 所示。其中，$F(x, y)$ 是原图 2.5（a）中像素点 (x, y) 的灰度值，图 2.5（c）代表局部结构描述子 $D_{\mathrm{LS}}(x, y)$，图 2.5（d）代表像素点 (x, y) 经过自适应侧抑制处理后的灰度值 $R(x, y)$，图 2.5（e）对应的 $Q(x, y)$ 代表像素点 (x, y) 经过改进的自适应侧抑制输出的最终灰度值。由图 2.5 可以看出，与侧抑制网络相比，改进的自适应侧抑制网络显著提高了目标的对比度，并有效抑制了背景杂波。

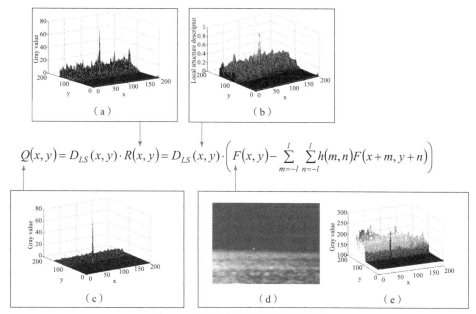

$$Q(x,y) = D_{LS}(x,y) \cdot R(x,y) = D_{LS}(x,y) \cdot \left(F(x,y) - \sum_{m=-l}^{l} \sum_{n=-l}^{l} h(m,n)F(x+m,y+n) \right)$$

图 2.5　改进的自适应侧抑制网络

（a）原图；（b）3D 图；（c）局部结构描述子；（d）自适应侧抑制处理结果；（e）改进的自适应侧抑制处理结果

2.3.2　算法流程

图 2.6 所示为所提出的算法对图像中每个像素点的处理流程。

如图 2.6 所示，首先，利用式（2.10）计算图像 I 在像素点 (x_i, y_i) 的梯度信息，并将获得的梯度信息进行排列得到矩阵 T；然后，利用式（2.11）对矩阵 T 进行奇异值分解，得到正交矩阵 U、正交矩阵 V 和奇异值矩阵 S；最后，计算主能量方向角 O_d，确定各向异性高斯核函数中的方向角参数 θ，并利用式（2.14）自适应确定抑制系数，即可对输入图像进行自适应侧抑制网络处理。

此外，为了增强目标与背景的对比度，在对图像进行自适应侧抑制网络处理之后，利用式（2.15）可以对图像进行灰度补偿：

$$\begin{cases} K = 255 \dfrac{n}{\displaystyle\sum_{1}^{n} Q_{\text{order}}(i)}, i = 1,2,\cdots,n \\ F(x,y) = K \cdot Q(x,y) \end{cases} \quad (2.15)$$

式中，Q_{order} 为通过对改进自适应侧抑制网络的处理结果进行向量化、并经排序后得到的灰度值降序向量；n 为 Q_{order} 中灰度值较大的像素点个数；K 为灰度补偿系数。

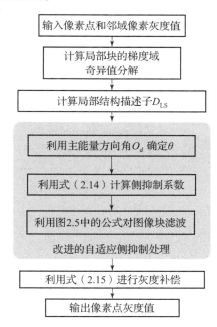

图 2.6　所提出的算法的单像素处理流程

最终，按照图2.6的流程处理每个像素点，即可实现整幅图像中红外目标的检测。

2.3.3 实验及结果分析

实验中的软件平台为MATLAB 2012b，计算机参数为CPU：2.7 GHz，RAM：4 GB。此外，为了平衡检测效果和运行时间，将模板大小设置为5×5；同时，实验选取了6幅具有不同复杂背景或微弱目标的图像作为测试对象。如图2.7所示，其中图2.7（a）~（e）的原图分辨率为200×155，图2.7（f）的原图分辨率为200×200；选取信杂比增益（Gain of Signal – to – Clutter Ratio，GSCR）和背景抑制因子（Background Suppress Factor，BSF）作为算法的评价参数。

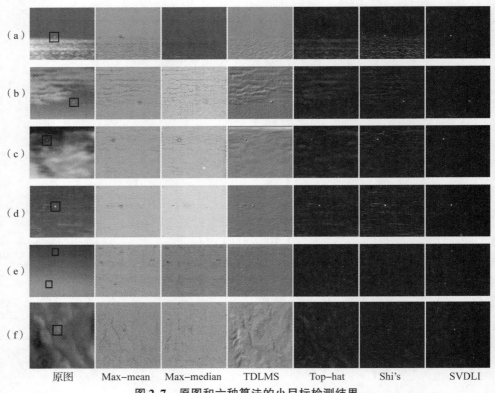

图2.7 原图和六种算法的小目标检测结果

为了验证所提出的奇异值分解和侧抑制算法（Singular Value Decomposition and Lateral Inhibition，SVDLI）的效果，选取最大均值滤波（Max – mean）、最大中值滤波（Max – median）、形态学算法（Top – hat）、二维最小均方差法（Two Dimensional Least Mean Square，TDLMS）和Shi's算法作为对比算法进行实验。其中，Max – mean、Max – median是空域小目标的检测方法，Top – hat是一种典型的形态学算法，TDLMS是一种经典的弱小目标检测方法，并且具有良好的目标检测效果，Shi's算法是近年来提出的一种基于侧抑制的红外弱小目标检测方法。

图2.7所示为六种算法的检测结果，图2.8所示为分别对应于图2.7的GSCR和BSF。根据图2.7和图2.8可以看出，尽管Max – mean、Max – mean和TDLMS可以提高目标区域的对比度，但是它们均不能有效抑制背景杂波，如图2.7（a）、（b）和（f）所示。同时，

这三种算法在图 2.8 中也具有较低的 GSCR 和 BSF；Top – hat 和 Shi's 算法可较好地抑制背景，但是仍然存留一些背景杂波，如图 2.7（a）~（d）所示。并且，当目标信号较为微弱时，这两种算法的目标增强能力有限，难以突出目标，如图 2.7（e）~（f）所示。相比于上述五种算法，SVDLI 算法可以有效增强目标和抑制背景杂波，即使在原图的目标信号非常微弱或背景具有强杂波的情况下，所提出的算法的目标检测性能仍表现良好，如图 2.7（e）和 2.7（a）、（b）和（f）所示。同时，SVDLI 算法不仅可在不同复杂背景下检测出弱小目标，还具有六种算法中最高的 GSCR 和 BSF，如图 2.8 所示。

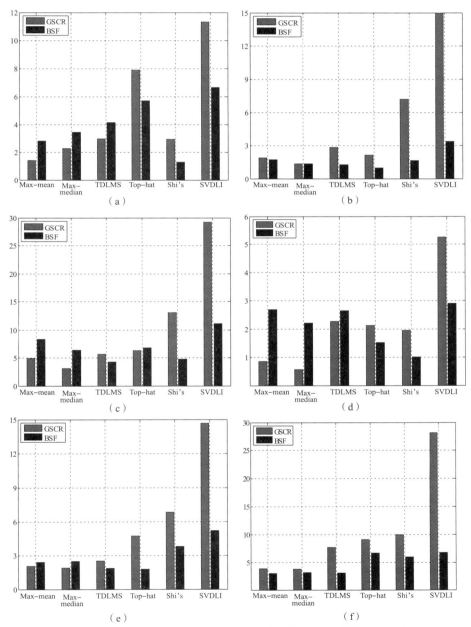

图 2.8 六种算法对应于图 2.7（a）~（f）小目标检测结果的 GSCR 和 BSF

图 2.9 是 SVDLI 算法与对比算法对图 2.7 小目标实验结果的观测者操作特性（Receiver Operation Characteristic，ROC）曲线。从图 2.9 中可以看出，在相同的虚警率条件下，Max - mean 的目标检测概率和鲁棒性较低；Max - median 和 TDLMS 的目标检测概率较低；而 Shi's 算法和 Top - hat 的目标检测概率相对较高，相对而言，SVDLI 算法具有较高的目标检测概率和鲁棒性。

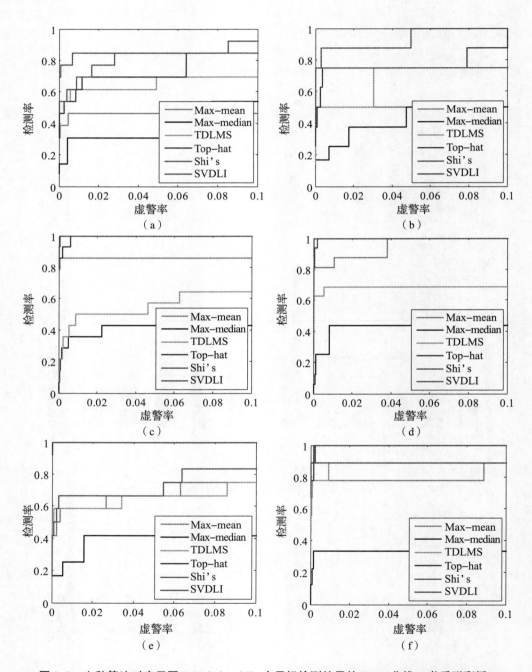

图 2.9　六种算法对应于图 2.7（a）~（f）小目标检测结果的 ROC 曲线（书后附彩插）

2.4　基于演算侧抑制模型的目标检测算法

2.4.1　算法设计

在运动目标检测中，受到空气扰动、载体运动等因素的影响，在采集图像时，光电成像系统往往不能完全保持静止，从而导致图像中产生动态背景。在这种情况下，如何从动态背景中准确地进行运动目标检测成了一个挑战。针对此问题，本章在所建立的演算侧抑制模型的基础上，提出了一种基于演算侧抑制模型的目标检测算法 ALI – TM（Algorithmic Lateral Inhibition Template Matching）。其主要思想为：利用基于信息量的自适应分通道方法自适应产生多个并行信息处理通道，并利用 ALI 模型实现单通道图像中的目标和背景运动区域检测，最终利用改进的模板匹配方法实现融合图像的运动区域提取。基于演算侧抑制模型的目标检测算法的总体流程如图 2.10 所示。

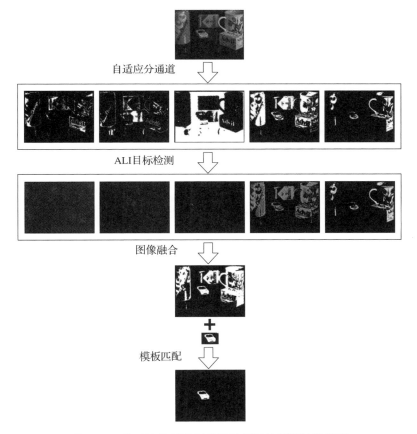

图 2.10　基于演算侧抑制模型的目标检测算法流程图

目标检测算法主要包括三个部分：

（1）基于信息量的自适应分通道方法。根据图像中的灰度分布将输入图像自适应地分为多个二值化图像通道。

（2）ALI 运动检测。通过 ALI 模型对图像进行运动检测，得到图像序列中所有运动区域，包括运动目标和动态背景部分。

（3）改进的模板匹配。利用改进的模板匹配方法将运动目标部分从动态背景中提取出来，实现动态背景下的运动目标检测。

1. 基于信息量的自适应分通道方法

在 ALI 模型中，首先按照图像的灰度分布将每一帧图像分为 n 个并行处理通道，从而获得较高的运行速度和效率。在常规的 ALI 模型中，通道个数 n 是固定的，而且分通道的阈值（各通道中图像灰度的上限和下限值）是通过对图像灰度值所处区间进行 n 等分产生的。对于复杂背景下的运动目标检测，图像的灰度分布往往是不均匀的，采用平均分配方法将导致图像灰度信息分配的不均衡，进而影响目标检测精度。

针对上述问题，本章研究了一种基于信息量的自适应分通道方法。在进行 ALI 模型的通道创建时，根据图像的信息量自适应确定通道个数 n，从而使图像的灰度值更均匀地分配在各通道。图 2.11 所示为基于信息量的自适应分通道方法的流程图。

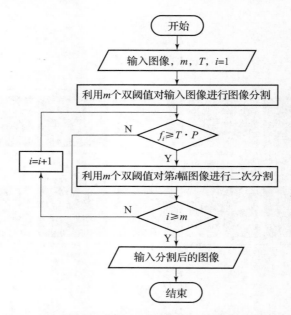

图 2.11　基于信息量的自适应分通道方法的流程图

如图 2.11 所示，基于信息量的自适应分通道方法的主要步骤如下：

（1）设置参数 m 和 T，其中 m 为每次图像分割所产生的二值图像的数量，T 为所设定的阈值。

（2）将当前帧输入图像灰度化（如需要），并按照 m 个双阈值 $[0, 255/m)$，$[255/m, 255×2/m)$，$[255×2/m, 255×3/m)$，…，$[255×(m-1)/m, 255]$ 进行阈值分割，生成 m 幅二值图像。

（3）比较第 i 幅二值图像中值为 1 的像素数量 f_i 和 $T·P$（P 是输入图像总的像素数量）的大小。若 $f_i \geq T·P$，则对该通道二值图像中值为 1 的像素点对应于输入图像中的部分进行二次阈值分割；否则输出分割后的二值图像。

通过上述过程，输入图像被分成多幅二值图像。由于所获取的二值图像数量是根据输入图像的灰度分布自适应确定的，图像信息在各个通道分配得较为均匀，因此有利于提高运动背景下的目标检测精度。

2. ALI 运动检测

在 ALI – TM 算法中，将输入图像分配到多个通道后，每个通道内 ALI 的运动检测均是独立进行的，在这一过程中，通过比较当前帧与上一帧图像中对应像素点的灰度值即可确定点 (i, j) 的运动状态。ALI 运动检测主要包括如下两个过程。

1）时域检测过程

时域检测过程如图 2.12 所示。

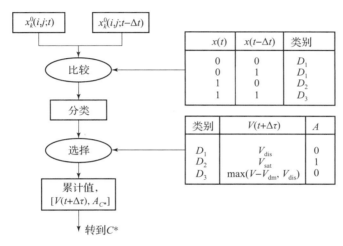

图 2.12　时域检测过程

（1）将当前帧与前一帧图像作为输入，比较对应像素点的参数 $x_k^0(i, j; t)$ 与 $x_k^0(i, j; t - \Delta t)$，通过图中所述的比较规则，将图像中像素点分为 D_1，D_2，D_3 三类，分别表示对应像素点在这两帧之间有运动、无运动与不确定是否有运动。

（2）建立选择函数，如图 2.12 中所示。如果当前像素属于 D_1 类运动状态，则将其灰度值设为 V_{dis}；如果当前像素属于 D_2 类运动状态，则将其灰度值设为 V_{sat}；如果当前像素属于 D_3 类运动状态，则将其灰度值设为 $\max\{V - V_{dm}, V_{dis}\}$。其中 V_{dis} 和 V_{sat} 分别表示相应通道内的灰度最小值和最大值，V 为该像素的当前灰度值，V_{dm} 为灰度变化量。

（3）经过比较、选择和分类，可得到当前像素的时域 ALI 运动检测结果 $[V(t + \Delta \tau), A_{C*}]$，其中 A 为是否检测到运动的标识号，$A = 1$ 表示当前像素检测到运动，该输出结果将作为下一阶段的输入。

2）时空域检测过程

时空域运动检测过程如图 2.13 所示。

图 2.13 中，C^* 为当前像素，P^* 为其邻域像素，A_{P*} 的评价函数为 $A_{P*}(\tau) = \cup A_j(\tau)$。首先，通过邻域像素的运动状态确定中心像素的运动状态；然后，通过所建立的规则确定图像中属于 D_3 类的像素点的运动状态，并将其中确定为 D_1 类运动状态的像素点的灰度值增加 $\min(V + V_{rv}, V_{sat})$，其中 v_{rv} 为灰度增量。将计算结果 $[y_k(i, j; t + \Delta t), A]$，$\Delta t = k\Delta \tau$ 作为

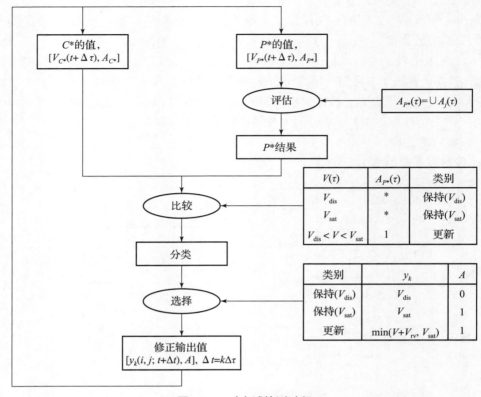

图 2.13　时空域检测过程

下一次计算的输入。按上述过程进行循环，将所有运动状态不确定的像素点的运动状态检测出来。

3. 改进的模板匹配

利用基于信息量的自适应分通道方法将输入图像分成多个通道后，每个通道内的图像均可通过 ALI 运动检测获得输入图像中的运动区域。由于基于 ALI 的运动目标检测具有轮廓完整等优势，因此可利用模板匹配法确定运动目标的位置；另外，由于一般情况下图像序列中运动目标的轮廓在相邻两帧之间变化较小，因此可以利用上一帧图像的目标作为模板对下一帧图像进行模板匹配，以实现运动目标提取。

基于上述分析，本章介绍一种适用于 ALI 运动检测的动态模板匹配方法，其算法流程如下：

输入：图像序列，以下参数：

- n——输入图像序列中的图像总帧数
- $T_i(x_t, y_t)$ ——第 i 个模板，(x_t, y_t) 表示模板中像素点的坐标
- $S_i(x, y)$ ——第 i 帧搜索图，即第 i 帧输入图像，(x, y) 表示搜索图中像素点的坐标
- SAD——绝对误差和（Sum of Absolute Differences），用于度量模板图像 T 与搜索图像 S 之间的差异

- M——模板的横向尺寸
- N——模板的纵向尺寸

输出：输入图像序列中每帧图像中运动目标的位置

1. 初始化：人工选取第一帧图像中的运动目标部分作为初始模板 $T_1(x_t, y_t)$

2. **for** $i = 1 \rightarrow n$ **do**

3. 沿着搜索图像 $S_{i+1}(x, y)$ 中的每个像素点 (x, y) 移动模板 $T_i(x_t, y_t)$ 的中心

4. 对于每个点 (x, y)，计算 $S_{i+1}(x, y)$ 与 $T_i(x_t, y_t)$ 之间的 SAD：

$$\mathrm{SAD}(x, y) = \sum_{m=1}^{M} \sum_{n=1}^{N} (G_S(x+m, y+n) - G_T(m, n))^2 \qquad (2.16)$$

式中，$G_S(x+m, y+n)$ 表示搜索图像中像素点 $(x+m, y+n)$ 处的灰度值；$G_T(m, n)$ 表示模板图像中像素点 (m, n) 处的灰度值

5. 找出在 $S_{i+1}(x, y)$ 中与模板图像最匹配的像素点，即 SAD 最小的点

$$(x_l, y_l) = \mathrm{argmin}(\mathrm{SAD}(x, y))$$

$$= \mathrm{argmin}(\sum_{m=1}^{M} \sum_{n=1}^{N} (G_S(x+m, y+n) - G_T(m, n))^2) \qquad (2.17)$$

则 (x_t, y_t) 是第 i 帧输入图像中运动目标的坐标值，长与宽分别为 M 和 N

6. 将模板 $T_{i+1}(x_t, y_t)$ 更新为步骤 5 中所找到的运动目标部分

7. **end for**

2.4.2　算法流程

以图 2.14 所示的动态背景下的运动目标图像序列为例，阐述所提出算法的流程。在图 2.14 所示的图像序列中，运动目标为小车，每帧图像中的背景（易拉罐、香烟盒、马克杯和药盒的位置和视角）均存在变化。

（a）　　　　　　　（b）　　　　　　　（c）　　　　　　　（d）

图 2.14　动态背景下的运动目标图像序列

1. 自适应分通道

在自适应分通道过程中，首先确定两个参数，分别为每次图像分割所产生的二值图像的数量 m 和分割阈值 T。其中，参数 m 决定了最终所分割产生的二值图像的总数。一幅图像经过第一次分割会产生 m 幅二值图像，根据二次分割图像的个数 i 的不同，经过第二次分割可能产生 $m + i(m-1)$ 幅图像，其中 $i = 1, 2, \cdots, m$。当 $m = 3$ 时，所产生的二值图像的总数可能为 5，7 或 9；当 $m > 3$ 时，所产生的二值图像的总数将会大幅增加（如 $m = 4$ 时，所产生的二值图像的总数可能为 7，10，13 或 16）。经过对比实验，当 $m = 3$ 时能够得到较为理

想的结果，综合考虑算法的检测精度和运算量，本章设 $m=3$。对于参数 T，当 $m=3$ 时，经过实验确定在 $T=1/5$ 的情况下可得到较好的运动目标检测结果。

图 2.15 所示为 $m=3$、$T=1/5$ 时，图 2.14 中第一帧图像进行自适应分通道的过程示意图。

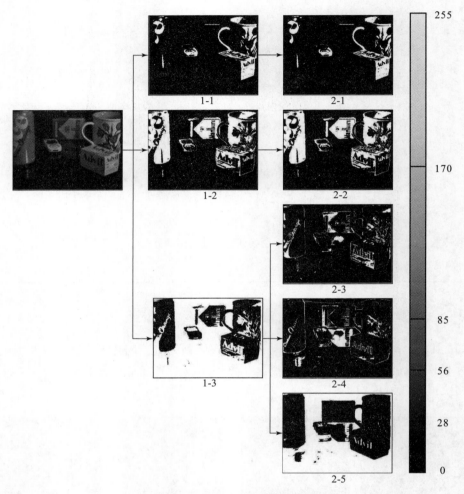

图 2.15　自适应通道创建示意图

如图 2.15 所示，输入图像经过两次分割，第一次分割根据三个双阈值 $[0, 85)$、$[85, 170)$ 和 $[170, 255)$ 进行分割，得到三幅二值图像（图 2.15 中的 1 – 1、1 – 2 和 1 – 3），由于图像 1 – 3 中的信息量所占总像素数目的比值大于分割阈值 T，对其进行二次分割。首先将图像 1 – 3 与输入图像进行点乘，提取输入图像中与该通道对应的灰度信息；然后利用三个双阈值 $[0, 28)$，$[28, 56)$ 和 $[56, 85)$ 对提取图像进行二次分割，得到三幅二值图像（图 2.15 中 2 – 3、2 – 4 和 2 – 5）；最终，将输入图像分割为五幅二值图像。

图 2.16 为图 2.14 中四帧图像的自适应分通道结果，每帧图像均被分成了五幅二值图像，即通道数 $k=5$。对于图 2.16 中所有的二值图像，每个像素点均有 $x_k^0(i, j; t)$ 和

$x_k^0(i, j;t - \Delta t)$ 两个参数，分别表示第 k 个通道图像中 (i, j) 像素在当前帧与前一帧的灰度值。

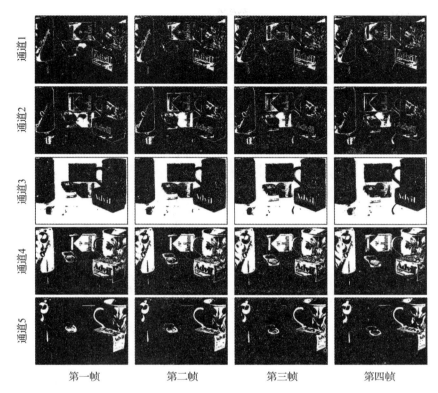

图 2.16　算法的自适应分通道结果

（通道标注：通道1、通道2、通道3、通道4、通道5；帧标注：第一帧、第二帧、第三帧、第四帧）

2. ALI 运动检测

对所产生的五个通道分别进行 ALI 运动检测。图 2.17 所示为图 2.16 所示的自适应分通道图像对应的 ALI 运动检测结果。由相邻两帧图像可得到一帧运动目标检测结果，图 2.16 所示的四组图像经过 ALI 运动检测后可得到三组结果图像。

3. 运动目标融合及模板匹配

得到了各个通道的 ALI 运动检测结果后，将 n 个通道分别得到的运动区域进行融合，得到总体的运动区域。在此过程中，对于任意像素点 (i, j)，其融合灰度值为 n 个通道中相应位置灰度值的最大值，其表达式为

$$y(i,j) = \max(y_k(i,j)), k \in [1,n] \tag{2.18}$$

为了减少背景杂波的影响，对融合后的图像进行二值化。采用 Otsu's 法对图像进行二值化处理，从而得到每帧图像中的运动区域（包括运动目标和动态背景部分），如图 2.18（a）所示。然后，通过改进的模板匹配方法对融合图像进行处理，提取运动目标，如图 2.18 所示。首先，手动选取第二帧图像中的目标部分（玩具小车）作为模板，并与第三帧图像进行模板匹配，得到第三帧图像中运动目标的位置；然后，提取第三帧图像中的运动目标图像，并以同样的方法对第四帧图像进行模板匹配，实现运动目标提取；最后，按上述方法对每一帧图像进行运动目标提取，从而实现动态背景下的运动目标检测。

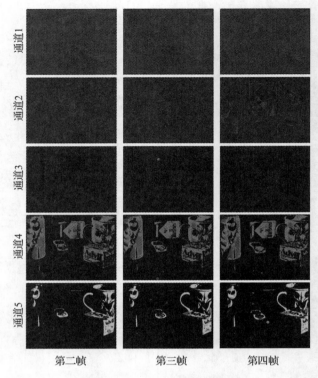

图 2.17　运动检测所得到的结果

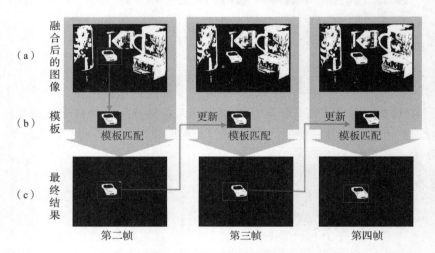

图 2.18　改进的模板匹配过程

2.4.3　实验及结果分析

　　混合高斯模型、非参数模型和码本法是三种典型的动态背景下运动目标检测算法。本章选择上述三种算法作为对比算法，开展基于演算侧抑制模型的目标检测算法的比较实验。实验图像来自 "Change Detection Benchmark" 数据集，选取该数据集 Thermal 目录下的

"*corridor*"，"*lakeSide*"，"*park*"，"*diningRoom*" 和 "*library*" 序列进行对比实验。同时，采用表 2.2 所示的七个评估参数对算法的运动目标检测性能进行定量分析。

表 2.2　算法的评估参数

参数	含义	计算公式
P	Precision（算法的准确率）	$P = \dfrac{t_p}{t_p + f_p}$
R	Recall（算法的召回率）	$R = \dfrac{t_p}{t_p + f_n}$
Sp	Specificity（背景像素识别率）	$Sp = \dfrac{t_n}{t_n + f_p}$
FPR	False Positive Rate（背景像素误检为目标像素的比值）	$FPR = \dfrac{f_p}{f_p + t_n}$
FNR	False Negative Rate（目标像素误检为背景像素的比值）	$FNR = \dfrac{f_n}{t_n + f_p}$
PWC	Percentage of Wrong Classification（误检像素所占总像素的百分比）	$PWC = 100\% \times \dfrac{f_n + f_p}{t_p + f_n + f_p + t_p}$
F – Score	F 分数（算法的综合能力，该参数值越高，表明算法综合能力越强）	$F – Score = \dfrac{2 \cdot P \cdot R}{P + R}$

在表 2.2 所示的公式中，t_p 表示 true positives，即实际目标像素被检测为目标像素的个数；t_n 表示 true negatives，即实际背景像素被检测为背景像素的个数；f_p 表示 false positives，即实际背景像素被检测为目标像素的个数；f_n 表示 false negatives，即实际目标像素被检测为背景像素的个数。

1. 定性实验结果

图 2.19 所示为本章所提出的基于演算侧抑制模型的目标检测算法与对比算法的实验结果。图 2.19（b），（c），（d）所示的运动目标检测结果表明：对于动态背景下的运动目标检测，三种对比算法的检测结果中，部分目标产生了空洞，且背景杂波较多，不利于进一步对其进行识别等处理；此外，对于 lakeSide 序列，码本法未能实现运动目标检测。图 2.19（e）所示的运动目标检测结果表明：所提出的基于演算侧抑制模型的目标检测算法的检测结果中目标轮廓完整，背景杂波较少，表明所提出的算法在目标轮廓完整度、背景杂波抑制等方面具有优势。

2. 定量实验结果

利用图 2.19 所示的对比实验结果与 "Change Detection Benchmark" 数据集提供的 Groundtruth 图像计算表 2.2 所示的七个评估参数，得到如表 2.3 所示的结果。

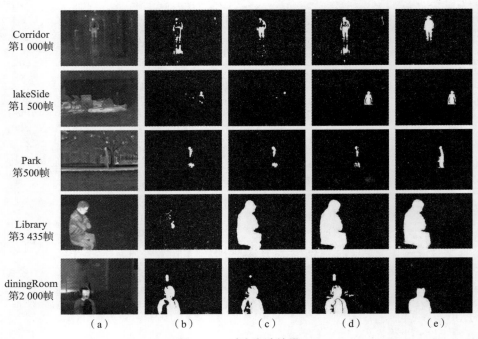

图 2.19 对比实验结果

（a）输入图像；（b）混合高斯背景模型；（c）非参数模型；（d）码本法；（e）所提出的算法

表 2.3 四种运动目标检测方法的参数对比结果

图像序列	方法	P	R	Sp	FPR	FNR	PWC	F – Measure
corridor	混合高斯背景模型	0.807 5	0.825 1	0.993 3	0.006 7	0.174 9	1.231 5	0.816 2
	非参数模型	0.880 6	0.832 0	0.996 1	0.003 9	0.168 0	0.930 6	0.855 6
	码本法	0.693 8	0.717 3	0.987 0	0.013 0	0.282 7	2.368 5	0.705 3
	所提出的算法	**0.930 4**	**0.885 0**	**0.997 3**	**0.002 7**	**0.115 0**	**0.716 1**	**0.907 1**
lakeSide	混合高斯背景模型	0.930 4	0.398 8	0.999 4	0.000 6	0.601 2	1.209 1	0.558 3
	非参数模型	0.892 1	0.242 9	0.999 4	0.000 6	0.757 1	1.506 9	0.381 8
	码本法	–	0	1	0	1	1.803 4	–
	所提出的算法	**0.838 9**	**0.813 7**	**0.997 1**	**0.002 9**	**0.186 3**	**0.615 9**	**0.826 5**
park	混合高斯背景模型	0.806 6	0.639 6	0.996 8	0.003 2	0.360 4	1.043 5	0.713 4
	非参数模型	0.858 5	0.608 1	0.997 9	0.002 1	0.391 9	0.999 6	0.711 9
	码本法	0.916 6	0.375 1	0.999 3	0.000 7	0.624 9	1.389 9	0.532 4
	所提出的算法	**0.943 1**	**0.774 6**	**0.999 0**	**0.000 1**	**0.225 4**	**0.574 1**	**0.850 5**
library	混合高斯背景模型	0.847 6	0.280 0	0.988 0	0.012 0	0.720 0	14.84 99	0.420 9
	非参数模型	0.971 4	0.922 0	0.993 5	0.006 5	0.078 0	2.025 1	0.946 1
	码本法	0.974 0	0.861 1	0.992 6	0.007 4	0.138 9	3.959 6	0.914 0
	所提出的算法	**0.974 9**	**0.858 8**	**0.992 8**	**0.007 2**	**0.141 2**	**3.993 5**	**0.913 2**

续表

图像序列	方法	P	R	Sp	FPR	FNR	PWC	F - Measure
diningRoom	混合高斯背景模型	0.933 7	0.702 1	0.995 3	0.004 7	0.297 9	2.986 8	0.801 5
	非参数模型	0.884 2	0.757 4	0.990 7	0.009 3	0.242 6	2.935 1	0.815 9
	码本法	0.885 0	0.848 3	0.986 4	0.013 6	0.151 7	2.877 6	0.866 2
	所提出的算法	**0.985 7**	**0.834 8**	**0.998 5**	**0.001 5**	**0.165 2**	**1.947 9**	**0.904 0**
平均值	混合高斯背景模型	0.865 2	0.569 1	0.994 6	0.005 4	0.430 9	4.264 2	0.662 1
	非参数模型	0.897 4	0.672 5	0.995 5	0.004 5	0.327 5	1.679 5	0.742 3
	码本法	0.867 4	0.560 4	0.993 1	0.006 9	0.439 6	2.479 8	0.754 5
	所提出的算法	**0.934 6**	**0.833 4**	**0.996 9**	**0.002 9**	**0.166 6**	**1.569 5**	**0.880 3**

注："-"代表该参数无法计算。

由表 2.3 可以看出，对于图像序列 corridor，所提出的 ALI - TM 算法的准确率 P(0.930 4)高于三种对比算法（0.807 5，0.880 6，0.693 8），表明其检测精度较高；召回率 R(0.885 0)高于三种对比算法（0.825 1，0.832 0，0.717 3），表明所提出算法具有更高的识别率；同时，相比于对比算法，所提出的算法具有更小的 FPR，FNR 和 PWC 值，表明所提出算法不易出现像素点错误归类的情况；同样，对于图像序列 park，所提出算法具有较高的准确率 P，召回率 R，特异性 Sp 和较小的 FPR，FNR 和 PWC；对于序列 lakeSide，所提出算法的准确率 P(0.838 9) 比混合高斯背景模型和非参数模型低（分别为 0.930 4 和 0.892 1），但其召回率 R(0.813 7) 远高于这两种算法（分别为 0.389 9 和 0.242 9）。根据文献，P 和 R 是一对相互约束的参数，因此综合来看，所提出的算法的性能优于三种对比算法；对于图像序列 diningRoom，所提出算法的准确率 P(0.985 7) 最高，召回率 R(0.834 8) 稍低于码本法（0.848 3），高于混合高斯背景模型和非参数模型（分别为 0.702 1 和 0.757 4）；对于上述四个图像序列，所提出算法的 F - Score 均高于三种对比算法；对于图像序列 library，其结果与非参数模型和码本法相近，优于混合高斯背景模型。对于五个图像序列的平均值，所提出算法的七个评估参数均优于对比算法。

小　　结

本章阐述了侧抑制机制及常规侧抑制模型，建立了两种不同的新型侧抑制模型，并针对不同的应用需求，提出了两种基于新型侧抑制模型的目标检测算法，具体包括：

针对复杂背景下的弱小目标检测问题，提出了一种基于自适应侧抑制模型的目标检测算法（SVDLI）。首先研究了各向异性高斯核函数，用来表达侧抑制过程；对输入图像的梯度信息进行奇异值分解，计算图像局部区域的主能量方向角自适应确定侧抑制系数中的旋转角；通过梯度域奇异值分解构造局部结构描述子，并与侧抑制网络结合实现目标增强和背景抑制。实验结果表明，SVDLI 算法可有效检测出复杂背景下的弱小目标，并且相比于五种对比算法具有更高的信杂比增益和背景抑制因子。

针对动态背景下的运动目标检测问题，提出了一种基于演算侧抑制模型的目标检测算法。首先，研究了一种基于信息量的自适应分通道方法，实现了并行信息处理通道数量的自适应确定；然后，利用 ALI 模型实现单通道图像的运动区域检测；利用改进的模板匹配方法将融合图像中的目标部分从运动区域中提取出来，实现动态背景下的运动目标检测。基于 "Change Detection Benchmark" 数据集的实验结果表明，所提出的算法在检测准确率 P、$F-$Score 等参数方面较对比算法具有明显的优势。

参 考 文 献

［1］ Hartline H K，Ratliff F. Inhibitory interaction of receptor units in the eye of ［J］. Journal of General Physiology，1957，40（3）：357 −376.

［2］ 许芃. 基于生物视觉的地面红外运动目标检测技术研究 ［D］. 北京：北京理工大学，2014.

［3］ Fiorentini A. Mach Band Phenomena ［M］. Berlin Heidelberg：Springer，1972.

［4］ 王立. 视觉机制研究及其在红外成像制导中的应用 ［D］. 西安：西北工业大学，2004.

［5］ Han J，Ma Y，Huang J，et al. An Infrared Small Target Detecting Algorithm Based on Human Visual System ［J］. IEEE Geoscience & Remote Sensing Letters，2016：1 −5.

［6］ Jian Lei，Liu Da Zheng，et al. Two − dimensional multi − pixel anisotropic Gaussian filter for edge − line segment（ELS）detection ［J］. Image and Vision Computing，2014.

［7］ Feng X，Milanfar P. Multiscale Principal Components Analysis for Image Local Orientation Estimation ［C］//2002.

［8］ Fernández − Caballero A，López M T，Carmona E J，et al. A historical perspective of algorithmic lateral inhibition and accumulative computation in computer vision ［J］. Neurocomputing，2011，74（8）：1175 −1181.

［9］ Rajwade A，Rangarajan A，Banerjee A. Image Denoising Using the Higher Order Singular Value Decomposition ［J］. IEEE Transactions on Pattern Analysis & Machine Intelligence，2013，35（4）：849 −862.

［10］ Yun H，Wu Z，Wang G，et al. Image enhancement algorithm based on improved lateral inhibition network ［J］. Infrared Physics & Technology，2016，76：308 −314.

［11］ Deshpande S，Er M，Ronda V，et al. Max − Mean and Max − Median Filters for Detection of Small − Targets ［J］. Proc. SPIE，1999，3809.

［12］ Wang Y，Chiew V. On the cognitive process of human problem solving ［J］. Cognitive Systems Research，2010，11（1）：81 −92.

［13］ Soni T，Zeidler J R，Ku W H. Performance evaluation of 2 − D adaptive prediction filters for detection of small objects in image data ［J］. Image Processing IEEE Transactions on，1993，2（3）：327 −340.

［14］ 史漫丽，彭真明，张启衡，等. 基于自适应侧抑制网络的红外弱小目标检测 ［J］. 强激光与粒子束，（4）：60 −64.

［15］ Yang C，Ma J，Qi S，et al. Directional support value of Gaussian transformation for infrared small target detection ［J］. Appl. Opt.，2015，54（9）：2255 −2265.

［16］ Qi H，Mo B，Liu F，et al. Small infrared target detection utilizing Local Region Similarity

Difference map ［J］. Infrared Physics & Technology，2015，71：131 – 139.

［17］ Wan M，Gu G，Cao E，et al. In – frame and inter – frame information based infrared moving small target detection under complex cloud backgrounds ［J］. Infrared Physics & Technology，2016，76：455 – 467.

［18］ Otsu N. Threshold Selection Method from Gray – Level Histograms ［J］. IEEE Transactions on Systems Man & Cybernetics，1979，9 (1)：62 – 66.

［19］ Stauffer C，Grimson W E L. Learning patterns of activity using real – time tracking ［J］. IEEE Transactions on Pattern Analysis & Machine Intelligence，2000，22 (8)：747 – 757.

［20］ Stauffer C，Grimson W E L. Adaptive background mixture models for real – time tracking ［C］// Washington，DC，USA，1999. IEEE.

［21］ Elgammal A，Duraiswami R，Harwood D，et al. Background and Foreground Modeling Using Nonparametric Kernel Density for Visual Surveillance ［J］. Proc. IEEE，2002，90 (7)：1151 – 1163.

［22］ Kim K，Chalidabhongse T H，Harwood D，et al. Background modeling and subtraction by codebook construction ［C］// Washington，DC，USA，2004. IEEE.

［23］ Kim K，Chalidabhongse T H，Harwood D，et al. Real – time foreground – background segmentation using codebook model ［J］. Real – Time Imaging，2005，11 (3)：172 – 185.

［24］ Wang Y，Jodoin P，Porikli F，et al. CDnet 2014：an expanded change detection benchmark dataset ［C］// Washington，DC，USA，2014. IEEE.

［25］ Goyette N，Jodoin P，Porikli F，et al. Changedetection. net：A new change detection benchmark dataset ［C］// Washington，DC，USA，2012. IEEE.

［26］ Davis J，Goadrich M. The relationship between Precision – Recall and ROC curves ［C］// New York，NY，USA，2006. ACM.

［27］ Buckland M，Gey F. The relationship between recall and precision ［J］. Journal of the American society for information science，1994，45 (1)：12 – 19.

第 3 章

人脑视觉系统的感受野机制及其应用

在人脑视觉系统中，每个神经细胞对落在视网膜上图像的特定区域产生响应，这个特定区域称为神经细胞的感受野（Receptive Field，RF）。神经细胞的感受野是视觉系统提取特征的基本单元，沿视觉信息传递通路，在不同层次的神经细胞的感受野表现出不同的特性。一般地，越高层次的神经细胞的感受野范围越大，结构越复杂。感受野机制具有运动方向敏感性和边缘敏感性等特性，使其在边缘检测、轮廓提取等多种任务中得到了广泛应用。

3.1 感受野机制

人脑视觉系统中，除了起支持和营养作用的神经胶质细胞外，其他神经细胞均有各自的视野或视网膜上的代表区，其中，视觉细胞的视野在视网膜上都有其对应的区域，该区域即为该细胞的视觉感受野。一个神经细胞的感受野是该细胞在受刺激兴奋时所反应的刺激区域。每种神经元（如光感受器、视网膜神经节细胞、水平细胞、双极细胞和无足细胞等）均有各自的感受野，不同种类的细胞的感受野具有不同的特性，其中，视网膜神经节细胞中的感受野又分为经典感受野和非经典感受野两大类。

3.1.1 经典感受野

Hartline 用电生理方法在蛙单根视神经纤轴突上记录到单细胞的电活动，提出了感受野概念。感受野定义为某根视神经纤维所对应的视网膜区域，即照亮该区域可使某根视神经纤维产生反应。相对于之后研究发现的非经典感受野，该区域被称为经典感受野。

Kuffier 研究了猫视网膜神经节细胞的反应敏感性的空间分布，首次发现神经节细胞经典感受野的同心圆拮抗形式。如图 3.1 所示，经典感受野是一个中心兴奋区与一个周边抑制区组成的同心圆结构，其中心区和外周区在功能上是相互拮抗的。

经典感受野一般分为两类：第一类是 ON 中心型感受野，即只有中心区对入射光敏感；第二类是 OFF 中心型感受野，即只有外周区对入射光敏感。ON 中心型感受野是由中心的兴奋区和周边的抑制区组成的；OFF 中心型感受野则相反，是由中心的抑制区和周边的兴奋区组成的。

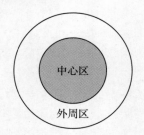

图 3.1　经典感受野结构示意图

Rodieck 提出了关于同心圆拮抗式感受野的数学模型。该模型主要由对刺激反应较为强烈的中心机制和对刺激反应较弱、面积较大的抑制性周边机制构成。从图 3.2 可以看出，这两个机制是相互拮抗、方向相反的，并且符合高斯分布。在离心距为零时，其对刺激的响应值最大，但中心机制比周边机制的敏感度峰值更高。

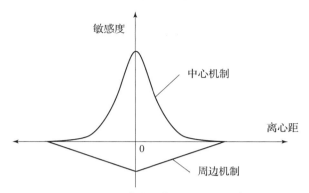

图 3.2　视网膜神经节细胞感受野模型

因此，经典感受野的反应敏感度的空间分布模式 $S(x)$ 的数学表示为

$$S(x) = k_c \cdot e^{-\frac{x^2}{2r_c^2}} - k_s \cdot e^{-\frac{x^2}{2r_s^2}} \tag{3.1}$$

式中，x 为感受野中的某一点到感受野中心的距离；k_c 和 k_s 分别为感受野中心区和外周区的最大敏感值；r_c 和 r_s 分别为感受野中心区和外周区的敏感度从最大值下降到其 $1/e$ 时所对应的半径。

3.1.2　非经典感受野

20 世纪 70 年代，研究者发现如果对经典感受野之外的一定区域内直接施加感光刺激，虽然不能直接引起细胞的反应，却能够在一定程度上影响该细胞经典感受野内刺激产生的反应，该区域称为非经典感受野。

李朝义等在对经典感受野以外的去抑制区研究中，发现大多数神经节细胞的经典感受野之外均存在一个直径为 10°～15° 的去抑制区，去抑制区的直径约为经典感受野的 3～6 倍，去抑制区的反应敏感度比经典感受野中心区低，且刺激响应的最大峰值也比经典感受野小。图 3.3 所示为利用不同直径的光斑刺激细胞感受野得到的直径—刺激响应曲线。用一个光点刺激经典感受野中心，并逐渐增大光斑的面积，当光斑直径等于感受野中心区直径时，细胞对刺激的响应最强。如果继续增大光斑面积，受到外周区的影响，细胞对刺激的响应急剧降低，直到光斑的直径等于外周区直径时，细胞对刺激的响应降到最低点。如果此时仍然增大光斑面积，可以看到细胞对刺激的响应程

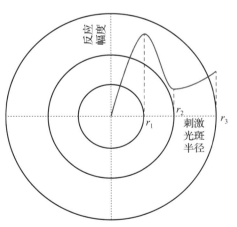

图 3.3　猫视网膜神经节细胞的
面积反应曲线

度有回升的趋势，但是无法升高至光斑处于感受野中心区时所产生的最大响应值。

曲线中的第一个峰值出现在 r_1 处，r_1 是感受野中心区的半径；曲线的谷值出现在 r_2 处，r_2 是感受野外周区的半径；r_3 是感受野去抑制区（大外周区）的半径。

3.2 自适应感受野模型

20世纪60年代，Hubel和Wiesel在对初级视皮层中的神经元感受野特性的研究中，发现初级视觉皮层中的大多数神经元在给定的视野位置可以对某一方向做出反应，并将这些神经元分为简单细胞和复杂细胞两种。其中，简单细胞对特定方向的条形或边缘刺激做出响应，随着刺激朝向偏离神经元响应的最优朝向，神经元响应逐渐减小甚至消失；复杂细胞可视为简单细胞感受野的叠加，可以接收简单细胞的信息，并将简单的视觉信号进行整合。与简单细胞相比，复杂细胞响应对外界输入刺激在一定程度的位移和相位变化不敏感。

图3.4（a）所示为不同类型的简单细胞感受野的示意图，包括对称型感受野、非对称型感受野和反对称型感受野。其中，"＋"表示感受野的兴奋区，"－"表示感受野的抑制区。图3.4（b）是最优朝向为竖直方向的简单细胞感受野对不同朝向刺激的响应特性。由图可以看出，当刺激方向与简单细胞感受野的最优朝向一致时响应最大；同时，当刺激方向逐渐偏离最优朝向时，响应会逐渐下降至零。

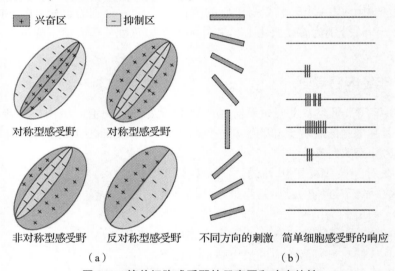

图3.4 简单细胞感受野的示意图和响应特性

（a）不同类型的感受野；（b）最优朝向为竖直方向的简单细胞感受野对不同朝向刺激的响应特性

20世纪80年代，Daugman提出哺乳动物视皮层细胞的简单细胞感受野可用二维Gabor函数描述。Gabor函数是一个复合函数，为了减少计算量，本章采用Gabor函数的实部模拟简单细胞感受野的空间属性，其表达式为

$$\begin{cases} G(x,y) = \exp\left[-\dfrac{\mu^2 + \lambda v^2}{2\sigma^2}\right]\cos\left[2\pi f\mu + \varphi\right] \\ \mu = x\cos\theta + y\sin\theta, v = -x\sin\theta + y\cos\theta \end{cases} \tag{3.2}$$

式中，σ^2为空间方差，决定感受野的大小；f为感受野的最佳空间频率；λ为感受野长轴和短轴的比例常数；φ表示不同的感受野形式：$\varphi = 0$或$\varphi = \pi$时为对称型感受野，$\varphi = \pi/2$或$\varphi = -\pi/2$时为反对称型感受野，其他情况是非对称型感受野；θ为Gabor滤波器的方向参数，表示感受野的朝向。

通过卷积滤波可实现基于简单细胞感受野的图像处理。利用卷积可以提取图像在 Gabor 滤波器对应频率和朝向上的特征，即简单细胞感受野的响应，其计算公式为

$$R(x,y) = G(x,y) * I(x,y) = \sum_{x=0}^{M-1} \sum_{y=0}^{N-1} G(x - x_\tau, y - y_\tau) I(x_\tau, y_\tau) \tag{3.3}$$

式中，$G(x, y)$ 为 Gabor 滤波器；$I(x, y)$ 为输入图像的灰度分布；$R(x, y)$ 为输出图像的灰度分布。

对于中心神经元以及周围神经元，一般采用 16 个方向的滤波器来表示各自的能量。常规 Gabor 最优能量方法首先将方向参数 θ 取值为 $\pi/16$，$2\pi/16$，$\cdots$，π，分别对以上角度进行滤波处理；然后根据下式确定感受野对输入图像各点的最优响应强度：

$$R'(x,y) = \max\left\{ R(x,y) \,|\, \theta = \frac{\pi}{16}, \frac{2\pi}{16}, \cdots, \pi \right\} \tag{3.4}$$

式中，$R(x, y)$ 为 Gabor 滤波器的输出结果；θ 为 Gabor 滤波器的方向参数；$R'(x, y)$ 为输出图像的灰度分布。

在常规 Gabor 最优能量方法中，每幅图像需要被 Gabor 滤波器进行 16 次滤波，会导致较大的计算量；另外，由于每次滤波后选取每个像素点的最大响应强度值作为输出值，会产生较强的噪声。

针对以上问题，本章提出一种自适应 Gabor 滤波器。首先，根据图像信息计算各像素点的梯度方向；然后，依据图像中各点的梯度方向自适应地确定 Gabor 滤波器的方向参数 θ。由此，对应于不同方向的边缘可被全部提取出来。同时，在所提出的自适应 Gabor 滤波器中，利用 Sobel 算子确定方向参数 θ。具体来说就是将图像中每个像素的上、下、左、右四个邻域的灰度值进行加权，然后再进行差分计算图像的梯度方向，从而降低滤波器对噪声的敏感度。Sobel 算子沿 x 和 y 方向的偏导数 f_x 和 f_y 分别为

$$f_x(x,y) = \begin{bmatrix} -1 & 0 & 1 \\ -2 & 0 & 2 \\ -1 & 0 & 1 \end{bmatrix}$$

$$f_y(x,y) = \begin{bmatrix} -1 & -2 & -1 \\ 0 & 0 & 0 \\ 1 & 2 & 1 \end{bmatrix} \tag{3.5}$$

式中，$f(x, y)$ 为图像中任意像素点 (x, y) 的灰度值。

然后，根据下式计算图像各像素点的梯度方向 θ，从而得到各像素点的朝向信息分布：

$$\theta = \arctan\left[\frac{f_y(x,y)}{f_x(x,y)} \right] \tag{3.6}$$

最后，将式（3.6）代入式（3.2），获得方向参数自适应的 Gabor 滤波器：

$$\begin{cases} G(x,y) = \exp\left[-\dfrac{\mu^2 + \lambda v^2}{2\sigma^2} \right] \cos\left[2\pi f\mu + \varphi \right] \\ \mu = x\cos\theta + y\sin\theta \\ v = -x\sin + y\cos\theta \\ \theta = \arctan\left[\dfrac{f_y(x,y)}{f_x(x,y)} \right] \end{cases} \tag{3.7}$$

与常规 Gabor 最优能量方法相比，在所提出的自适应 Gabor 滤波器中，每个像素点仅需计算一次。同时，该滤波器避免了 Gabor 最优能量方法中将每一像素点的最大响应强度值作为输出值所产生的噪声。另外，由于 Sobel 算子对噪声不敏感，所提出的自适应 Gabor 滤波器可在边缘提取的同时抑制背景杂波和噪声。

3.3　基于自适应感受野的红外目标检测方法

通常情况下，在目标检测中，当目标距离成像系统较远时，其在图像中表现为小目标，距离较近时则表现为面目标。因此，目标检测算法需具有对小目标、面目标等不同尺度目标的适应性；另外，感受野机制具有运动方向敏感性和目标边缘敏感性等特性，有利于实现多尺度目标的边缘检测，进而解决复杂条件下的目标检测问题。基于上述分析，本章提出一种基于自适应感受野（Adaptive Receptive Field，ARF）的红外目标检测方法。

3.3.1　算法流程

基于自适应感受野的红外目标检测方法算法的主要流程如图 3.5 所示。

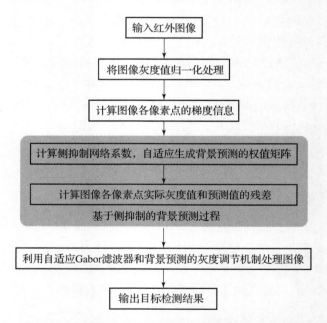

图 3.5　基于自适应感受野的红外目标检测方法流程

由图 3.5 可知，基于自适应感受野的红外目标检测方法的具体步骤如下。

步骤 1：计算朝向信息分布图。利用 Sobel 差分算子计算图像各像素点的梯度方向 θ，如式（3.6），得到各像素点的朝向信息分布图。

步骤 2：基于侧抑制的背景预测。利用式（3.3）计算侧抑制系数的分布，根据侧抑制系数的计算值确定背景预测的权值矩阵，然后，计算每一像素点输入像素与预测像素的残差。

步骤 3：自适应 Gabor 滤波器滤波及背景目标的灰度调节处理。利用下式对背景和目标亮度进行调节：

$$f_{\text{out}}(x,y) = (1 + K \cdot E(x,y)) \cdot f_{\text{tn}}(x,y) \qquad (3.8)$$

式中，K 为调节因子，其量值决定了对目标增强及背景抑制的程度。

最后，将自适应 Gabor 滤波器滤波与背景目标的灰度调节过程相结合，将式（3.8）代入式（3.3），从而提取出目标轮廓：

$$R(x,y) = (1 + K \cdot E(x,y))G(x,y) * I(x,y)$$
$$= (1 + K \cdot E(x,y)) \iint G(x - x_\tau, y - y_\tau) I(x_\tau, y_\tau) \mathrm{d}x_\tau \mathrm{d}y_\tau \qquad (3.9)$$

在上述计算过程中，对于复杂背景的红外图像，其背景在红外图像中占据大部分像素，具有一定的连续性。图像背景中像素点的灰度值可用相邻像素点的灰度值来预测。目标边缘上的像素点灰度值与相邻像素点灰度值之间的相关性较低，在图像局部会形成一个或几个异常点。因此，根据以上特性可以对背景和目标进行预测，背景预测的模型为

$$E(x,y) = I(x,y) - \sum_{(p,q) \in S_j} W_j(p,q) I(m - p, n - q) \qquad (3.10)$$

式中，$E(x, y)$ 为输入图像与预测图像的残差；$I(x, y)$ 为输入图像；S 为滤波窗口；$W_j(p, q)$ 为背景预测的权值矩阵。

3.3.2　实验及结果分析

本次实验的硬件平台为台式计算机，CPU 主频为 2.7 GHz，内存 4 GB，软件平台为 MATLAB R2012b。本章采用信杂比增益（GSCR）和背景抑制系数（Background Suppression Factor，BSF）作为算法性能的评价参数。

另外，通过绘制受试者工作特性（Receiver Operation Characteristic，ROC）曲线反映检测概率 P_d 与虚警概率 P_f 之间的关系。其中，P_d 定义为检测到的像素数与真实目标像素数的比值，P_f 定义为误检的像素数与所有像素数的比值。

选择 Top – hat 算法、Max – mean 算法、Max – median 算法、TDLMS 算法和 Shi's 算法作为对比算法。其中，前三种算法是常用于评估新算法的经典目标检测算法，TDLMS 算法具有较强的背景抑制能力，Shi's 算法是一种基于侧抑制的目标检测方法。

式（3.2）的参数设置为：$\sigma = 1.2$，$f = 0.47$，$\lambda = 0.5$，Gabor 滤波器的滤波模板大小设置为 5×5。另外，图 3.6 显示了背景抑制因子、检测概率与 K 值之间的关系曲线，依据图 3.6 所示的实验结果确定式（3.8）中的 K 值。可以看出，随着 K 值的增加，背景抑制因子随之逐渐增加；同时，当 K 从 0 增加到 80 时，检测概率先增加，再趋于平稳，而后下降。为了获得最大的检测概率和较好的背景抑制能力，本次实验将 K 值设为 60。

选择相关实验图像，分别开展基于自适应感受野的红外目标检测方法的弱小目标、面目标检测实验。

1. 弱小目标

在弱小目标实验中，选取六幅带有复杂背景、噪声及不规则干扰的单帧红外图像作为测试对象，如图 3.7 第一列所示，图像的分辨率分别为 178×185、133×134、217×219、180×181、161×152 和 299×231。图 3.7 中显示了不同算法的检测结果图像，图 3.8 所示为相应的 SCRG 和 BSF 结果，图 3.9 所示为相应的 ROC 曲线。

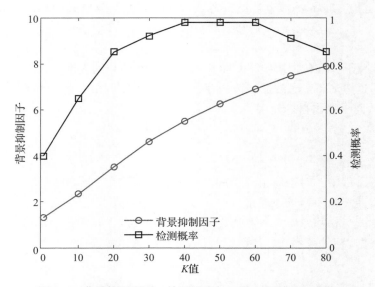

图 3.6　背景抑制因子、检测概率与 K 值之间的关系曲线

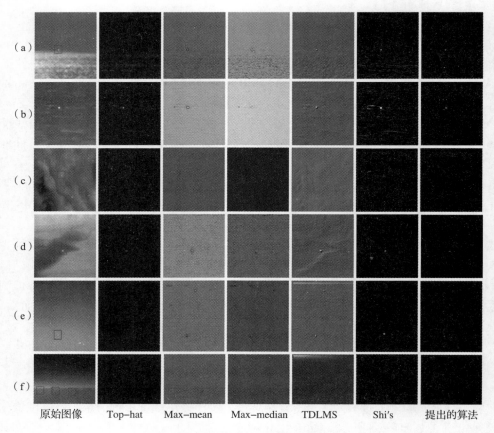

图 3.7　原始图像和小目标检测结果

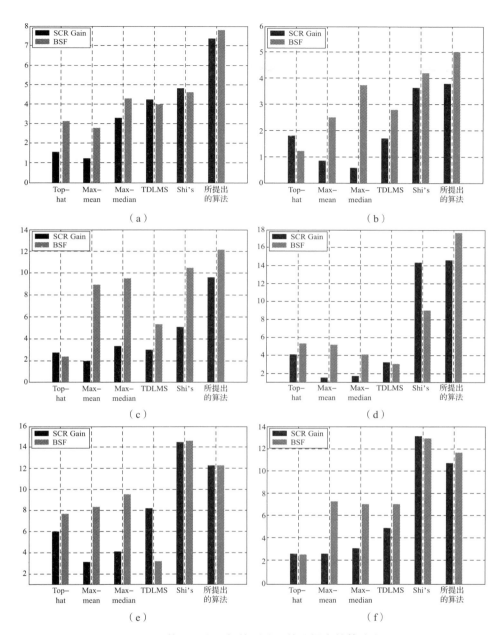

图 3.8　不同算法弱小目标检测结果的所提出的算法和 BSF

从图 3.7 所示的实验结果可以看出，所提出的算法具有较强的目标增强和背景抑制能力。根据第二列的结果可以看出，Top - hat 算法对复杂背景的抑制效果较好，但在目标亮度十分微弱时，目标增强效果较差，如图 3.7（e）、（f）所示；根据第三列和四列的实验结果，在增强目标和抑制背景方面，所提出的算法优于 Max - mean 和 Max - median 法；第五列的实验结果显示，TDLMS 通常具有较好的背景抑制能力，但由于 TDLMS 算法的检测效果严重依赖于算法中的权值矩阵的步长，当背景十分复杂时 [图 3.7（a）、（b）] 检测结果会残留较多的背景杂波；根据第六列的结果，Shi's 算法可在复杂背景下较好地提取小目标，

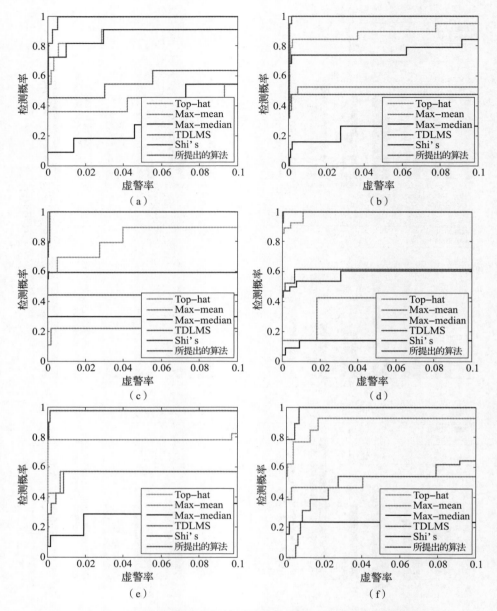

图 3.9 不同算法弱小目标检测结果的 ROC 曲线（书后附彩插）

然而，当原始图像有大量的噪声时，如图 3.7（a），（b）和（d）所示，检测结果亦会残留大量的噪声；根据第七列的结果，由于所提出的算法采用自适应 Gabor 滤波保持边缘信息，同时采用背景预测抑制背景、增强目标，从而可从复杂背景中准确提取出弱小目标，且检测结果具有较少的杂波且噪声较弱。

从图 3.8（a）~（d）可以看出，所提出的算法在与其他五种算法对比中获得了最高的 SCRG 和 BSF。同时，Shi's 算法对应图 3.8（a）~（d）的 SCRG 和 BSF 高于所提出的算法，表明当原始图像具有较少的噪声时，Shi's 算法可在复杂背景下提取出弱小目标；然而，当原始图像存在噪声较强时，其检测能力明显下降，如图 3.8（a），（b）和（d）所示。

另外，从图 3.9 的实验结果可以看出，在相同的虚警率 P_f 下，所提出的算法的检测概率 P_d 高于对比算法。从图 3.9（a）可以看出，在相同虚警率下，所提出的算法的性能优于 Top－hat、Shi's、TDLMS、Max－mean 和 Max－median 算法。类似地，在图 3.9（b）~（f）中，与对比算法相比，所提出的算法在相同虚警率下依然具有较高的检测概率。

2. 面目标

图 3.10 所示为具有多种杂波的原始图像和不同算法面目标检测的结果。其中，图 3.10（a）的原始图像包含一个面目标和两个小目标，图 3.11（b），（c）各包含一个面目标，图像的分辨率分别为 270×267、292×194 和 257×178。

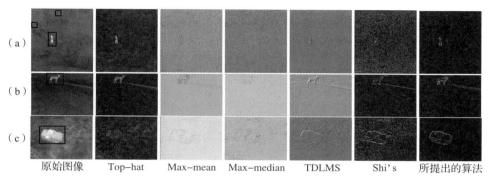

| （a） | （b） | （c） |

原始图像　　Top－hat　　Max－mean　　Max－median　　TDLMS　　Shi's　　所提出的算法

图 3.10　原始图像和面目标检测结果

从图 3.10（a）的结果可以看出，Top－hat 算法可以提取目标，但是残留一些背景杂波；Max－mean 和 Max－median 在增强面目标区域上的效果较差；TDLMS 和 Shi's 算法的实验结果残留较多杂波和噪声；与对比算法相比，所提出的算法可通过自适应 Gabor 滤波器和背景预测过程提取红外目标的轮廓，同时抑制大多数的背景杂波和噪声。图 3.10（b）、（c）的实验结果同样表明，与对比算法相比，所提出的算法具有更好的目标增强和背景抑制能力。

图 3.11 所示为面目标检测结果的提出的算法和 BSF。可以看出，与五种对比算法相比，所提出的算法具有更高 SCRG 和 BSF。另外，根据图 3.12 所示的 ROC 曲线，在相同虚警率下，所提出的算法的目标检测概率均高于对比算法，表明所提出的算法同样具有在较强复杂背景下的面目标检测能力。

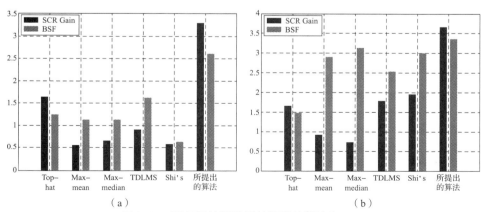

（a）　　　　　　　　　　　　　　（b）

图 3.11　面目标检测结果的提出的算法和 BSF

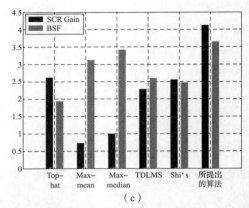

（c）

图 3. 11   面目标检测结果的提出的算法和 BSF（续）

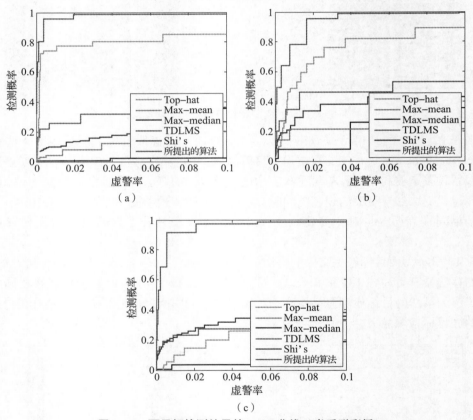

（a）

（b）

（c）

图 3. 12   面目标检测结果的 ROC 曲线（书后附彩插）

小　　结

作为人脑视觉系统中的一种重要机制，感受野机制具有运动方向敏感性、运动检测和目标边缘敏感性等多种优良特性，在图像编码、人脸识别和边缘检测等图像处理中具有重要的应用价值。

本章讨论了感受野机制及自适应感受野模型。针对复杂背景下的多尺度目标检测问题，提出了一种基于自适应感受野红外目标检测算法，对所提出的算法在复杂背景下的弱小目标、面目标检测能力进行了实验验证。实验结果表明，所提出算法具有较强的复杂背景下多尺度目标检测能力，在飞行器导航、车辆导航以及机器人视觉等领域具有重要的应用前景。

参 考 文 献

［1］寿天德. 视觉信息处理的脑机制［M］. 合肥：中国科学技术大学出版社，2010.

［2］von Noorden G K. The Theory of Binocular Vision［J］. American Journal of Ophthalmology，1977，84（5）：751.

［3］Hartline H K. The response of single optic nerve fibers of the vertebrate eye to illumination of the retina［J］. American Journal of Physiology – Legacy Content，1938，121（2）：400 – 415.

［4］Kuffler S W. Discharge patterns and functional organization of the mammalian retina［J］. Journal of Neurophysiology，1953：37 – 68.

［5］罗四维. 视觉信息认知计算理论［M］. 北京：科学出版社，2010.

［6］Rodieck R W，Stone J. Analysis of receptive fields of cat retinal ganglion cells［J］. Journal of Neurophysiology，1965，28（5）：832 – 849.

［7］Mcilwain J T. Receptive fields of optic tract axons and lateral geniculate cells：peripheral extent and barbiturate sensitivity［J］. Journal of Neurophysiology，1964，27（6）：1154 – 1173.

［8］McIlwain J T. Some evidence concerning the physiological basis of the periphery effect in the cat's retina［J］. Experimental Brain Research，1966，1（3）：265 – 271.

［9］Chao – Yi L，Xing P，Yi – Xiong Z，et al. Role of the extensive area outside the x – cell receptive field in brightness information transmission［J］. Vision Research，1991，31（9）：1529 – 1540.

［10］Chao – Yi L，Wu L. Extensive integration field beyond the classical receptive field of cat's striate cortical neurons—Classification and tuning properties［J］. Vision Research，1994，34（18）：2337 – 2355.

［11］Chao – Yi L，Yi – Xiong Z，Xing P，et al. Extensive disinhibitory region beyond the classical receptive field of cat retinal ganglion cells［J］. Vision Research，1992，32（2）：219 – 228.

［12］Hubel D H，Wiesel T N. Receptive fields，binocular interaction and functional architecture in the cat's visual cortex［J］. The Journal of Physiology，1962，160（1）：106 – 154.

［13］桑农，唐奇伶，张天序. 基于初级视皮层抑制的轮廓检测方法［J］. 红外与毫米波学报，2007，26（1）：47 – 51，60.

［14］Grigorescu C，Petkov N，Westenberg M A. Improved Contour Detection by Non – Classical Receptive Field Inhibition：BMCV ' 02［C］// Berlin，Heidelberg，2002.

［15］陈建军，任勇峰，甄国涌. 引入低对比度环境下视觉感知机制的轮廓检测模型［J］.

模式识别与人工智能，2012，25（5）：845－850.

［16］ Zhao － Yu P，Xiang － Ping M. Contour detection model based on biological visual perception ［J］. Journal of Infrared and Millimeter Waves，2009.

［17］ Deshpande S，Er M，Ronda V，et al. Max － Mean and Max － Median Filters for Detection of Small － Targets ［J］. Proc. SPIE，1999，3809.

［18］ Wang Y，Chiew V. On the cognitive process of human problem solving ［J］. Cognitive Systems Research，2010，11（1）：81－92.

［19］ Soni T，Zeidler J R，Ku W H. Performance evaluation of 2 － D adaptive prediction filters for detection of small objects in image data ［J］. Image Processing IEEE Transactions on，1993，2（3）：327－340.

［20］ 史漫丽，彭真明，张启衡，等. 基于自适应侧抑制网络的红外弱小目标检测 ［J］. 强激光与粒子束，（4）：60－64.

［21］ Liu Z J，Sang H S，Zhang G L. Efficient particle filter － based processing algorithm for clutter suppression and IR point targets enhancement ［J］. Electronics Letters，2006，42（7）：395－396.

第4章

基于脉冲耦合神经网络的目标检测方法

脉冲耦合神经网络（PCNN）是当前脑科学相关领域的重要研究方向之一，广泛地应用于图像分割、图像降噪、边缘检测、目标识别和特征提取等图像处理。同时，研究者对 PCNN 模型进行了不同程度的改进和优化，以满足不同的图像处理应用需求。

4.1   脉冲耦合神经网络

4.1.1   发展历程

PCNN 是受到新皮质的主要视觉区域 V1 中神经元活动的启发而建立的神经网络。新皮质是哺乳动物大脑皮质中进化程度较高的部分，处于脑半球顶层，2~4 mm 厚，分为六层。新皮质与视觉、运动指令的产生、空间推理、意识及人类语言等高等功能相关，因此，PCNN 在视觉图像信息处理方面具有优势。PCNN 能够用于图像处理的计算机制可分为三类：一是时间矩阵 E_{ij}，是指在将阈值放大因子 V_E 设置得足够大的前提下获得的 E_{ij}，以确保神经元仅点火一次；二是点火率，是指在 (i, j) 处的神经元经过 N 次网络迭代后的点火次数；三是神经元的同步，是指邻域中的所有神经元彼此耦合，且被点火的神经元捕获相邻的神经元以进行同步点火。

20 世纪 90 年代初，Eckhorn 的研究团队和 Singer 的研究团队在初级视觉皮层中分别发现了 γ 波段（神经振荡模式）中神经元活动的同步。γ 波（γ 波与神经元同步振荡有关）振荡的发现被认为是神经科学的重大进展，许多学者对 γ 波振荡的基础过程进行了深入研究。在发现了 γ 波振荡现象后，Eckhorn 等提出了一种连接域模型（PCNN 的前身），将刺激驱动的前馈流与刺激诱导的反馈流相结合以实现同步。在此基础上，Johnson 等研究了 γ 波的同步脉冲动态并提出了脉冲耦合神经网络的概念，Kinser 等建立了常规的 PCNN 数学模型。此后，PCNN 已经广泛地应用于图像处理，并且对于 PCNN 尖峰时间和点火率作为图像处理中的附加变量的理论研究兴趣日益增长。

PCNN 的核心机制是通过刺激相似性和空间接近度来捕获神经元在一定区域内的同步点火，网络的时间相关性使其具有分割图像和获得不变特征（Invariant Feature）的潜在能力，因此，即使图像中相邻区域之间存在一定程度的重叠，它仍具有较强的分割能力。PCNN 的图像分割能力已经广泛地应用于生物医学、物体检测和遥感等领域。例如，Klar 等设计了一种集成电路实现 PCNN 算法的硬件加速，并将其应用于实时图像处理。之后，Klar 等又提出了具有突触可塑性的改进 PCNN，并将其应用于图像分割。

4.1.2 原理及模型

与常规人工神经网络不同，PCNN 由一层横向连接的脉冲耦合神经元的二维阵列组成，而且不需要训练。网络中的神经元与图像像素一一对应。如图 4.1 所示，脉冲耦合神经元主要分为三个部分：输入域、调制域和脉冲产生器。

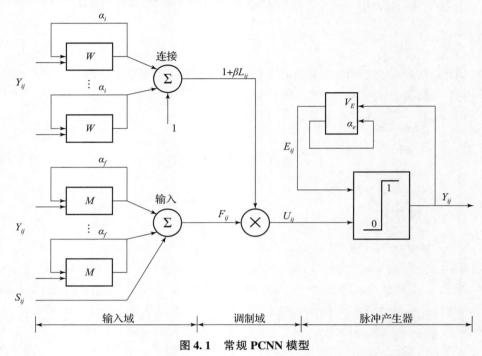

图 4.1 常规 PCNN 模型

如图 4.1 所示，(i,j) 位置的神经元 N_{ij} 在迭代过程中有两个输入：神经元的输入部分 F_{ij}（Feeding Input）和神经元的连接输入 L_{ij}（Linking Input）。二者分别通过突触权重 M 和 W 与邻域神经元相关联，且分别通过指数衰减因子 α_f 和 α_l 保留其之前的状态。此外，F_{ij} 会接受 N_{ij} 在图像中所对应像素点的强度刺激，即外部刺激 S_{ij}，然后，F_{ij} 和 L_{ij} 通过连接系数 β 在调制域中结合以产生内部活动，通过 U_{ij} 与动态阈值 E_{ij} 进行比较确定 N_{ij} 是否点火。若 N_{ij} 点火，则 E_{ij} 将因阈值振幅常数 V_E 而迅速增大，否则 E_{ij} 将通过时间衰减因子 α_e 继续衰减。

单个脉冲耦合神经元的行为描述如下：

$$F_{ij}(n) = e^{-\alpha_f}F_{ij}(n-1) + V_F\sum_{kl}M_{ijkl}Y_{kl}(n-1) + S_{ij} \tag{4.1}$$

$$L_{ij}(n) = e^{-\alpha_l}L_{ij}(n-1) + V_L\sum_{kl}W_{ijkl}Y_{kl}(n-1) \tag{4.2}$$

$$U_{ij}(n) = F_{ij}(n)(1 + \beta L_{ij}(n)) \tag{4.3}$$

$$Y_{ij}(n) = \begin{cases} 1, & U_{ij}(n) > E_{ij}(n-1) \\ 0, & 其他 \end{cases} \tag{4.4}$$

$$E_{ij}(n) = e^{-\alpha_e}E_{ij}(n-1) + V_E Y_{ij}(n) \tag{4.5}$$

式中，i，j 表示该神经元的位置；kl 表示邻域神经元的位置；M_{ijkl} 和 W_{ijkl} 分别表示以 N_{ij} 为中心的突触权重矩阵；$Y_{kl}(n-1)$ 表示 N_{kl} 前次迭代的输出；V_F 和 V_L 分别表示 Feeding Input 和

Linking Input 的振幅常数。

4.2　新型 PCNN 模型设计

4.2.1　ALI‒PCNN

在 PCNN 的参数中，突触权重中的元素反映了中心神经元与邻域神经元之间的连接强度，权值矩阵元素值越大，神经元之间的连接作用越强。在图像分割领域中，常规突触权重中的元素由固定值或由像素间的距离计算获得。坐标位置分别为 (i, j) 和 (k, l) 的像素之间的连接权值计算公式为

$$W_{ij,kl} = \frac{1}{(i-k)^2 + (j-l)^2} \tag{4.6}$$

式（4.6）表明了像素之间的连接强度与空间距离呈负相关，然而，该方法只考虑了像素之间的距离差异，而忽略了像素之间的灰度值差异带来的影响。图 4.2 描述了突触权重 W 对神经元点火的影响，可以看出，对于复杂背景下的弱小目标区域，其周围皆为背景像素，如按照式（4.6）计算连接强度，目标像素将与多个背景像素产生较强的连接关系。当周围背景像素点火产生刺激时，将向目标像素传递刺激信号并不断地累加，从而导致目标像素及其周围的背景像素同时点火（即出现误点火现象）。为了避免出现误点火现象，当某一个像素与其邻域像素分别处于不同的区域（目标或背景）时，应降低该像素与其邻域像素之间的连接强度，以抑制不同区域像素之间的影响。而根据侧抑制指数函数模型，像素之间的侧抑制作用不仅受到像素点之间距离的影响，同时还会受到像素间灰度值差异的影响，侧抑制系数可随着图像的局部特征变化而变化。此外，通常情况下红外图像中目标像素灰度值高于背景像素灰度值。因此，利用该公式计算出的背景侧抑制系数大于目标的侧抑制系数，从而提高了分割图像的对比度和信噪比。

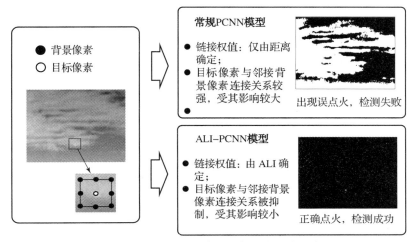

图 4.2　突触权重对神经元点火脉冲的影响

本章提出了一种基于 ALI 与改进脉冲耦合神经网络的 ALI‒PCNN 模型。该模型摒弃了常规 PCNN 模型采用固定值或根据距离确定突触权重 W 的方法，利用 ALI 的抑制作用，根

据图像信息自适应产生每个像素点所对应的抑制系数，并生成 PCNN 的突触权重，从而使得像素间的连接强度不仅受到像素之间距离的影响，同时受像素之间灰度值差异的影响。ALI 根据像素间距离及灰度值大小计算出各点的抑制系数，可以避免误点火现象的产生，从而有效区分目标和背景。

ALI - PCNN 模型将侧抑制与 PCNN 结合，利用改进的 ALI 对 PCNN 的输入域进行调制，具体包括：①利用侧抑制网络的抑制特性对 PCNN 的外部输入即输入图像进行调制，从而抑制输入图像中的低频背景噪声；②调制 PCNN 的连接输入，利用改进的 ALI 模型计算图像中各像素点的抑制系数，生成突触权重，从而自适应确定突触权重。ALI - PCNN 模型中的单个神经元结构如图 4.3 所示。

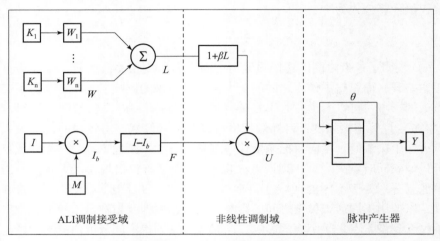

图 4.3　ALI - PCNN 模型

侧抑制网络对 PCNN 输入域的外部输入（输入图像）的调制过程表示如下：

$$F_{ij}(n) = I_{ij} - I_{ij} \otimes M \tag{4.7}$$

式中，I_{ij} 为输入图像的灰度分布；M 为常规侧抑制滤波模板；F_{ij} 表示经过侧抑制网络调制后的外部输入图像。

侧抑制网络对 PCNN 输入域的连接输入调制过程表示如下：

$$\begin{cases} K_{ij,kl} = \exp\left(-\dfrac{d_{ij,kl}}{\rho} \right) \\ \rho = \dfrac{1}{I(x,y)} \\ W_{ij,kl} = K_{ij,kl} \end{cases} \tag{4.8}$$

式中，突触权重 W 由自适应侧抑制系数确定，从而使得像素间的连接强度不仅受到像素之间距离的影响，同时受像素之间灰度值差异的影响。

4.2.2　Fusion SPCNN

虽然 PCNN 较好地模拟了神经元同步点火现象，但是由于其模型复杂、参数众多，因此在实际的图像处理过程中存在计算量大、效率低下等问题。针对上述问题，多种简化的 PCNN（Simplified PCNN，SPCNN）模型应运而生。其中，尖峰视觉皮层模型（Spiking

Cortical Model，SCM）具有较低的计算复杂度和较高的准确率，基于 SCM 的 SPCNN 模型的描述如下：

$$U_{ij}(n) = \mathrm{e}^{-\alpha_f}U_{ij}(n-1) + S_{ij}\big(1 + \beta V_L \sum_{kl} W_{ijkl}Y_{kl}(n-1)\big) \tag{4.9}$$

$$Y_{ij}(n) = \begin{cases} 1, & U_{ij}(n) > E_{ij}(n-1) \\ 0, & 其他 \end{cases} \tag{4.10}$$

$$E_{ij}(n) = \mathrm{e}^{-\alpha_e}E_{ij}(n-1) + V_E Y_{ij}(n) \tag{4.11}$$

相对于常规 PCNN 模型，SPCNN 模型的参数较少，仅保留了六个参数（分别是 α_f，W_{ijkl}，β，V_L，α_e 和 V_E），它既保持了 PCNN 的关键特性例如较高准确率，又很大程度地提高了效率。

本章提出了一种用于红外图像分割的 Fusion SPCNN（FSPCNN），FSPCNN 融合了 SPCNN 与斯蒂文斯定律（Stevens' Power Law，SPL）、侧抑制（Lateral Inhibition，LI）和神经元中的快速连接机制（Fast Linking，FL）三种神经系统信息处理机制，其主要思想为：①基于亮度与视觉的 SPL，依据红外图像的灰度分布特征而自适应地设定时间衰减因子；②利用图像的灰度信息和空间信息，通过基于 LI 的突触权重计算模型自适应地为每个神经元计算专属的权重矩阵；③利用基于 FL 的输出选择方法，实现最优分割结果的自动输出，并自动停止迭代。

1. 自适应时间衰减因子

时间衰减因子 α_e 是影响图像分割效果的主要参数之一，不同的图像可能需要不同的时间衰减因子。本章设计了一种基于 SPL 的自适应时间衰减因子计算方法，能够根据输入图像的灰度分布特征而自适应地设定 α_e。

依据 SPL，心理量与刺激量的乘方成正比，即

$$S = K \times I^n \tag{4.12}$$

式中，S 为心理量；K 为常数；I 为物理量；指数 n 因不同的客观条件而异。

如图 4.4 所示，当该定律用于表示主观视亮度与实际亮度（灰度图像中的灰度即为实际亮度）的关系时，$n = 0.5$。实际上，它也可以理解为从空域到视觉域的非线性映射过程——空域中的高灰度区域的灰度级在视觉域中被压缩，而低灰度区域的灰度级被拉升。一般情况下，红外图像中目标像素的灰度较高，由于灰度级被压缩，为了尽量避免因 E_{ij} 的衰减幅度过大而造成非目标像素对应的神经元误点火，需要较小的 α_e 去减缓 E_{ij} 的衰减；反之，非目标像素大多处于低灰度区域，而该区域的灰度级被拉升后会造成信息冗余，可用较大的 α_e 提高分割效率。

图像分割质量的主要影响量包括背景的最高灰度（采用大津（Otsu）法得到的直方图阈值 T_{Otsu} 表示）和背景的灰度分布（采用背景标准差 σ_b 表示）。具体分析如下。

（1）对于背景的最高灰度 T_{Otsu}：如果 T_{Otsu} 与目标的最低灰度相近（甚至重叠），则需要较小的 α_e 来减缓衰减和细化分割；否则，较大的 α_e 就能获得良好的分割结果。因此，在所提出的 FSPCNN 中，将 α_e 和 T_{Otsu} 设置为反比例关系。

（2）对于背景的灰度分布 σ_b：一方面，当 T_{Otsu} 与目标的最低灰度相近（甚至重叠）时，若 σ_b 较小，意味着图像中大部分背景像素与目标像素的灰度相近，则需要较小的 α_e；若 σ_b 较大，则使用较大的 α_e 更加高效；另一方面，当 T_{Otsu} 与目标最低灰度的差距较大时，σ_b 与

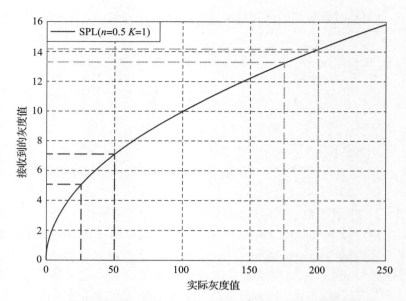

图 4. 4　主观视亮度与实际亮度（或灰度）之间的关系

分割质量的相关性较小，因此，在所提出的 FSPCNN 中，将 α_e 和 σ_b 设置为正比例关系。

综上所述，时间衰减因子 α_e 与 T_{Otsu}、σ_b 分别呈负、正相关。通过大量实验可以发现当三者处于以下关系时，算法能在分割精准度和计算量之间取得平衡：

$$\alpha_e = \begin{cases} \left(\dfrac{\sigma_b}{T_{\text{Otsu}}}\right)^2, & \dfrac{\sigma_b}{T_{\text{Otsu}}} > 0.1 \\[3mm] \dfrac{\sigma_b}{T_{\text{Otsu}}}, & \text{其他} \end{cases} \tag{4.13}$$

式中，T_{Otsu} 为利用大津法取得的直方图阈值；σ_b 为背景区域的图像标准差。

2. 自适应突触权重

突触权重矩阵中的元素反映了中心神经元与邻域神经元之间的连接强度，权重值越大，神经元之间的连接作用越强。大部分 PCNN 模型的突触权重是由神经元间的距离决定的常数矩阵。事实上，大部分图像信息通过灰度分布表示。在所提出的 FSPCNN 中，利用基于侧抑制的自适应突触权重矩阵，能够根据各神经元与中心神经元的欧氏距离及中心神经元对应的像素灰度自适应地计算其抑制系数，进而生成中心神经元的突触权重矩阵。

侧抑制是神经系统信息处理的基本原则之一，视觉和触觉等各种感觉系统中都存在着侧抑制现象。位于同一个皮质柱的神经元对输入信号具有相同的发放响应，但彼此处于相互竞争状态，即当某个神经元的兴奋累积到一定强度发放脉冲，将抑制同一个皮质柱内其他神经元发放脉冲，这种现象称为皮质柱内的侧抑制现象。

本章在上述侧抑制机理的基础上，结合红外图像特征建立了 1−tanh 抑制系数模型，在该模型中，1−tanh 函数具有快速衰减特性。将邻域大小设为 3×3，邻域内的像素间距为 1 或 1.414 2，红外图像的灰阶范围为 [0，255]，考虑到侧抑制系数取值范围应为 [0，1]，因此降低自变量的数量级，然后用定义域为 [0，3] 的 1−tanh 函数曲线模拟侧抑制系数分布，如图 4.5 所示。

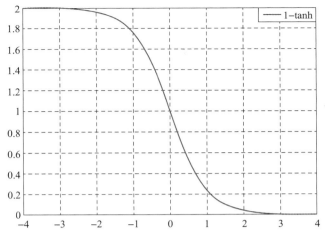

图 4.5　1 − tanh 函数曲线，加粗部分为计算抑制系数的所用区段

将 1 − tanh 侧抑制系数模型融入 SPCNN，用于代替恒定的突触权重矩阵，即

$$W_{ijkl} = 1 - \tanh\left[I(i,j) \cdot d_{ijkl} \times 10^{-2} \right] \qquad (4.14)$$

式中，$I(i, j)$ 为中心神经元对应的像素灰度；d_{ijkl} 为两神经元之间的欧氏距离。

基于侧抑制的自适应突触权重的主要优势包括：①突出边缘，增加反差；②抑制噪声干扰；③对图像的细微间断处进行拟合，具有明显的聚类作用。因此，FSPCNN 能够较好地解决复杂背景红外图像中的目标边缘模糊、目标与背景灰度交叠等问题，进而有效提高图像分割的质量。

3. 自适应输出选择方法

传统 PCNN 模型还存在另一问题：需要从众多二值化图像中手动选择最优分割结果作为最终输出，且无法控制迭代次数，从而导致计算量较大、效率较低。针对这一问题，本章提出一种基于 FL 的自适应输出选择方法，以实现最优分割结果的自动输出，并自动停止迭代。

FL 可理解为在神经元同步中，具有相同刺激的神经元同步快于其他正常神经元。因为连接波通过区域传播的速度比该区域中的神经元快得多，可以产生额外的脉冲，从而能够累积一个区域中的所有像素。

利用汉明距离表征图像相似度，即

$$d(Y_{n-1}, Y_n) = \sum Y_{n-1}(i,j) \oplus Y_n(i,j) \qquad (4.15)$$

式中，Y_{n-1} 代表第 $n-1$ 次迭代的分割结果；Y_n 代表第 n 次迭代的分割结果；$\oplus$ 表示异或操作。汉明距离 d 越小表示相似度越高。

如图 4.6 所示，根据 FL 机制，可以发现相邻迭代中分割结果的相似度变化具有以下三个阶段：

（1）第一阶段。当目标像素点对应的神经元开始点火，随着迭代进行，目标的细节信息会逐渐完善，而因目标与背景的灰阶相似度低，背景像素点对应的神经元均处于被抑制的状态，相邻分割结果的相似度在这一阶段中非线性递增。

（2）第二阶段。目标趋于完整，且背景像素点对应神经元仍未点火，相邻分割结果的相似度将达到全局极大。

（3）第三阶段。当有背景像素点对应的神经元开始点火，因为背景像素点之间的灰阶相似度低，神经元会随机点火，随着迭代进行，相邻分割结果的相似度将快速下降。

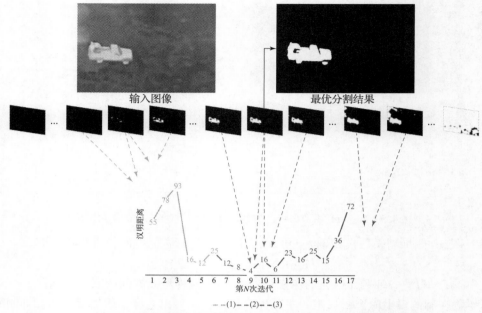

图 4.6　相邻分割结果的相似度变化示意图（书后附彩插）

在迭代过程中，算法将不断寻找相邻分割结果的相似度极大值，即汉明距离极小值，该值对应的迭代轮次中的分割结果将作为最优结果被输出，同时停止迭代。基于 FL 的自适应输出选择方法的具体步骤如下：

（1）将分割结果缩放为 32×32。

（2）计算当前迭代结果与前一次迭代结果的汉明距离 d_n。

（3）判断 d_n 是否为 d_{n-1}、d_n、d_{n+1} 中的最小值 $d_{\min}$。

（4）在 d_{n-2}、d_{n-1}、d_n、d_{n+1}、d_{n+2} 中，用冲量法判断寻找到的 $d_{\min}$ 是否为全局极小值，如果是，则立即停止迭代，输出该值所对应迭代轮次的分割结果；否则，重复步骤（1）~（4）。

4.3　基于 ALI – PCNN 的红外弱小目标检测与跟踪方法

在已有的基于 PCNN 的图像分割研究中，PCNN 模型中的连接输入部分仅考虑了像素间空间距离的影响，而忽略了像素间灰度值差异的影响，从而极易导致神经元误点火，从而增大了弱小目标检测的错误率，难以适用于复杂背景下的红外弱小目标检测。另外，PCNN 仅能实现单帧红外图像的分割。为了实现强杂波背景下的红外弱小目标检测，还需利用目标在序列图像中的连续性和关联性。因此，需要将 PCNN 与邻域判决法相结合，通过对候选目标（包括真正的目标和高频噪声点）的运动特性分析，实现强杂波背景下的红外运动目标检测。

针对以上问题，本章提出一种基于 ALI – PCNN 和改进邻域判决的红外弱小目标检测与跟踪方法。首先，利用侧抑制网络改进脉冲耦合神经网络模型，建立 ALI – PCNN 模型；然后，利用 ALI – PCNN 模型实现红外弱小目标的分割；最后，利用改进邻域判决算法实现红外运动弱小目标的检测。

4.3.1　算法设计

1. 基于 ALI – PCNN 的红外目标分割

将 ALI – PCNN 模型应用于红外图像的二值分割，其流程如图 4.7 所示，具体包括以下几点：

（1）将输入图像 I_{ij} 作为外部输入刺激信号，利用式（4.16）中的常规侧抑制模板对输入图像进行卷积滤波调制，得到初步抑制背景后的图像，其处理过程如式（4.16）所示。

$$M = \begin{bmatrix} 0.025 & 0.025 & 0.025 & 0.025 & 0.025 \\ 0.025 & 0.075 & 0.075 & 0.075 & 0.025 \\ 0.025 & 0.075 & 0 & 0.075 & 0.025 \\ 0.025 & 0.075 & 0.075 & 0.075 & 0.025 \\ 0.025 & 0.025 & 0.025 & 0.025 & 0.025 \end{bmatrix} \tag{4.16}$$

（2）利用自适应侧抑制指数模型，根据式（4.8）计算图像中各个位置的权重矩阵 W。

（3）将经过侧抑制调制后的外部输入信号及突触权重 W 输入至 ALI – PCNN 模型中的非线性调制域，运行非线性调制和脉冲产生部分，根据式（4.6）~式（4.8）进行计算。该模型依据每个像素点自身及其周围区域的灰度分布确定是否对该像素点火，从而获得分割后的二值图像，并提取出候选目标。

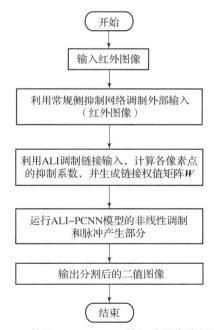

图 4.7　基于 ALI – PCNN 的红外图像分割流程

2. 改进的邻域判决

利用 ALI – PCNN 模型，实现单帧红外图像的分割。为了实现强杂波背景下的红外弱小目标检测，利用目标在序列图像中的连续性和关联性，将弱小目标单帧检测结果与邻域判决法相结合，通过对候选目标（包括真正的目标和高频噪声点）的运动特性分析，实现强杂波背景下的红外运动目标检测。

　　基于红外图像序列的邻域判决法的基本思想为：弱小目标的运动在序列图像中具有连续性。通常情况下，相邻两帧图像中的目标位置在同一个邻域内，而噪声的运动是随机的，不具有运动连续性。根据弱小目标与噪声运动连续性的差异，提取出真实目标，降低高频噪声的干扰。同时，在常规邻域判决法中，用来判断目标运动连续性的邻域通常是固定的。当目标运动速度较快或者图像序列帧频较低时，相邻两帧的目标难以保证同时存在于固定的邻域中，将导致运动目标的检测能力下降。

　　针对以上问题，本章改进了邻域判决算法，使其能根据目标的运动速度自适应确定判决的邻域大小，同时结合图像流分析提取出真正的目标，改进后的邻域判决法流程框图如图4.8所示。

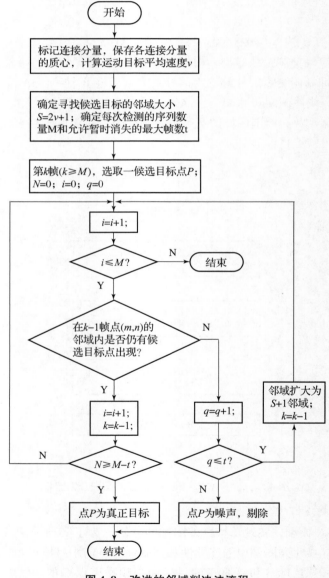

图4.8　改进的邻域判决法流程

（1）对分割后的二值图像序列中的每一帧图像进行连接分量标记；然后，计算每一帧图像中所有连接分量的质心并保存；最后，取每一帧图像中质心的最大横坐标分别与前一帧质心的最大横坐标相减，得到每一帧目标运动速度的矩阵。

为了降低随机噪声的影响，对运动速度矩阵取中位数，作为该图像序列中弱小目标的平均运动速度。

（2）首先，根据目标的平均运动速度 v 可确定出寻找候选目标的邻域大小 S，即 $S = 2v + 1$。为了利用帧间目标运动的连续性和关联性，每次对红外序列中的 M 帧图像进行一次判断，其中，M 取值太大会影响运算速度和效率，太小会降低检测精度，M 的取值范围为 7 ~ 9。然后，在第 $k(k \geqslant M)$ 帧内，选定一个候选目标点 $P(x, y)$，依次向前一帧追溯，判断其 $S \times S$ 邻域内是否有候选目标点出现。若有，则计数器 $n + 1$ 并继续以相同方式判断前一帧是否出现候选目标；否则，将邻域扩大为 (x, y) 点的 $(S + 1) \times (S + 1)$ 邻域，继续判断第 $k - 2$ 帧。此外，为了避免因目标短暂消失而引起的误判，每 M 帧中允许最多有 t 帧目标暂时消失，此步操作限制次数为 t 次（$t \leqslant 2$），即若在 M 帧内计数器 $n \geqslant (M - t)$，则判断其为真正目标的质心；否则，则视其为噪声点。

确定真正目标的质心之后，在标记图像中找到该质心所在的连通区域，即真正的目标区域，从而实现目标提取。

4.3.2　应用实例

1. 目标分割

选取六组红外图像进行对比实验。其中，PCNN 的连接强度系数、时间衰减常数和动态阈值的放大系数分别设为：$\beta = 0.32$，$\tau_\theta = 0.31$，$V_\varepsilon = 0.2$。图 4.9 所示为对比实验结果，图 4.9（a）~（f）分别为不同类型的红外弱小目标实验图像。其中，图 4.9（a）~（d）为单目标图像，图 4.9（e）、（f）为多目标图像，图 4.9（a）~（f）的第 1 列为原始图像，第 2 ~ 第 6 列分别为经过 Otsu 法、最大熵法、常规 PCNN、基于视觉注意的方法和所提出的基于 ALI – PCNN 模型的方法的分割结果。

从图 4.9 所示的实验结果可以看出，对于复杂背景下的弱小目标分割，Otsu 法、最大熵法均出现过分割或欠分割的现象，导致图像中目标和背景信息的缺失，如图 4.9 的第 2 和第 3 列；常规 PCNN 方法分割后的白色区域明显减少，但仍存在检测失败，如图 4.9（a）、（b）和（e）的第 4 列，或误检的现象，如图 4.9（c）的第 4 列；基于视觉注意机制和 ALI – PCNN 模型的方法效果相当且有效，没有出现过分割或欠分割的现象。然而，考虑到基于视觉注意的分割方法所获得的结果与生成的显著图有很大关系，而生成的显著图及注意区域与选取的对比度阈值关系密切，当该阈值不适合图像或背景较为复杂时，难以保证图像分割的效果，如图 4.9（c）和（e）的第 5 列。相对而言，基于 ALI – PCNN 模型的方法的分割效果不依赖阈值，可在复杂背景图像中准确分割出弱小目标。

图 4.10 所示为五种方法对红外图像的分割结果的客观指标（区域对比度和一致性）。图 4.10（a）~（f）的客观指标分别对应于图 4.9（a）~（f）的实验结果，从图 4.10 可以看出，Otsu 法、最大熵法的区域对比度和一致性在图 4.9（a）~（d）和（f）中偏低，并且数值起伏较大；PCNN 方法的指标在图 4.9（a）~（d）和（f）中高于 Otsu 法和最大熵法；图 4.10（a）~（f）显示，相对于其他图像，对应于图 4.9（d）的 PCNN 算法的检测指标最

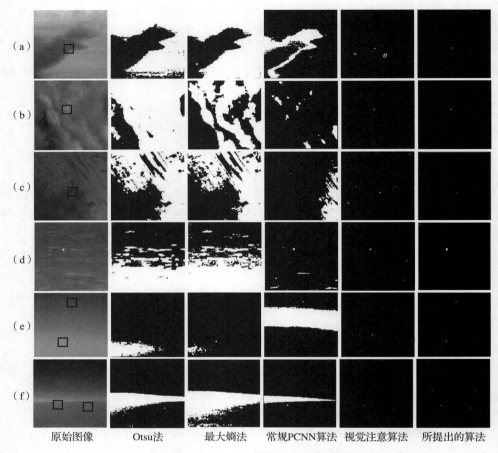

原始图像　　Otsu法　　　最大熵法　　常规PCNN算法　视觉注意算法　所提出的算法

图4.9　不同方法对红外图像的分割结果

高，其区域对比度和一致性分别高达 0.981 6 和 0.981 8，仅次于 ALI – PCNN 算法的数值 0.997 0 和 0.997 2；基于视觉注意和提出的 ALI – PCNN 模型的分割方法的区域对比度和一致性在数值上均大于 0.980 0，并且较为稳定。

综合上述分析，本书所提出的 ALI – PCNN 算法可在复杂背景图像中准确地分割出弱小目标，虚警目标点较少，且算法的鲁棒性和实用性较强。

2. 目标跟踪

为了验证本章提出的运动弱小目标检测方法的有效性，选取具有复杂背景（序列1）和弱小目标（序列2）的红外图像序列进行实验，将混合高斯法、背景减除法、时空域对比度滤波法、Wang's 法和本章所提出的算法的检测结果进行比较。图 4.11 （a）所示为输入序列的第16和第28帧原始图像，图 4.11 （b）~（f）分别为混合高斯法、背景减除法、时空域对比度滤波法、Wang's 法和本章所提出的算法的运动目标检测结果。

由图 4.11 可以看出，对于有复杂背景的序列1，基于混合高斯法、背景减除法和时空域对比度滤波法不能有效去除复杂的背景，残留较多的杂波，容易造成虚警。而且，这三种算法的结果中目标不明显，甚至有漏检现象；Wang's 法在图 4.11 中的检测结果较好，但是对于少数帧会存在目标检测不完全现象（如第28帧），从而导致其目标中心位置略有偏移。

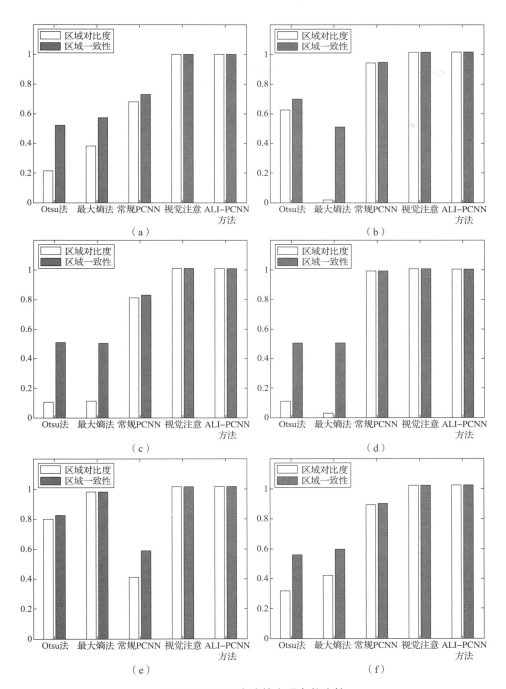

图 4.10　不同方法的客观参数比较

（a）图 4.9（a）对应的客观参数；（b）图 4.9（b）对应的客观参数；（c）图 4.9（c）对应的客观参数；
（d）图 4.9（d）对应的客观参数；（e）图 4.9（e）对应的客观参数；（f）图 4.9（f）对应的客观参数

对于目标信号较弱的序列 2，背景减除法仍然存在虚警点；基于时空域对比度滤波法可检测
出目标，但是也存在对于少数帧不能检全目标的现象；混合高斯法和 Wang's 法均能检测出
目标，但是均存在目标丢失的情况（图 4.11 中序列 2 中的第 28 帧），而本章所提出基于

PCNN 和邻域判决的红外弱小目标检测方法在序列检测中均可有效地检测出真正目标，剔除噪声点，具有较高的目标检测精度。

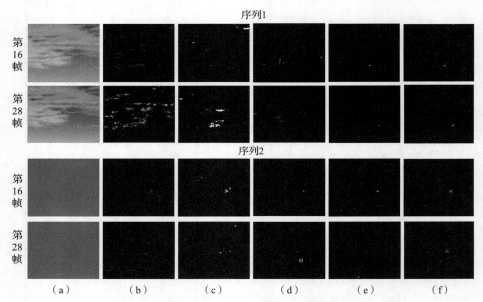

图 4.11　不同方法的红外序列弱小目标检测结果

（a）原图；（b）混合高斯法；（c）背景减除法；（d）时空域对比度滤波；（e）Wang's 法；（f）所提出的算法

图 4.12 所示为所提出的算法与上述四种对比方法的检测精度图，图（a）和（b）分别为序列 1 和序列 2 的精度检测结果，横坐标为位置误差阈值，位置误差是检测目标的中心位置与标注的中心位置的欧氏距离，纵坐标为检测精度。由图可以看出，在相同的位置误差时，对于序列 1 和序列 2，所提出的算法的检测精度明显优于混合高斯法、背景减除法和时空域对比度滤波法，三种方法的检测精度最高为 73.2%；Wang's 法由于少数帧的目标缺失从而导致在允许位置误差为 3 像素时，检测精度最高为 80.0%；而所提出的算法避免了因目标短暂消失而引起的误判，中心位置误差为 3 像素时的检测精度分别达到 96.7% 和 90.3%。

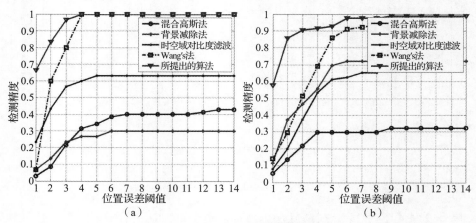

图 4.12　序列检测结果的精度曲线

（a）序列 1；（b）序列 2

4.4　基于 FSPCNN 的红外目标检测方法

目前，应用于图像分割领域的 PCNN 主要存在两个问题：①分割结果与参数选择具有较强的相关性，PCNN 模型的参数过多，且只能手动设定或通过大量实验估算；②每次迭代均会生成二值结果，通常需要在众多分割结果中手动选择最优结果。上述问题限制了基于 PCNN 的图像分割算法的工程应用。

针对上述问题，本章提出一种基于 FSPCNN 的红外目标检测方法。该方法可自适应地设定 SPCNN 的参数和自动控制迭代，从而提高目标检测方法的可靠性、鲁棒性和抗干扰能力。

4.4.1　算法设计

基于 FSPCNN 的红外目标检测算法的流程如图 4.13 所示，主要包括以下过程。

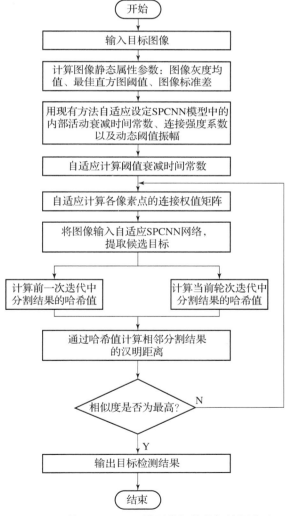

图 4.13　基于 FSPCNN 模型的红外目标检测方法

1. 计算图像静态属性参数

对图像进行灰度化预处理，计算图像整体灰度均值，将该均值作为 FSPCNN 中阈值衰减时间常数的计算因子；对图像灰度矩阵作归一化处理，使用 Otsu 法寻找背景中的最高灰度值，并将其作为 FSPCNN 中的连接因子和阈值放大常数的计算因子。

2. 计算自适应阈值衰减时间常数

根据 SPL 推导出式（4.13），计算阈值衰减时间常数 α_e，使 α_e 能够根据目标图像的整体灰度特征自适应设定。

3. 计算自适应突触权重

基于 ALI 建立突触权重数学模型，该模型由定义域为 [0，3] 的双曲正切函数来表征。采用自适应抑制系数计算模型代替常规的突触权重，矩阵中各元素的计算同时考虑了像素间的距离和灰度差异，从而能够根据图像信息自适应地计算每个像素点对应的突触权重。

4. 自动选择最优输出并控制迭代

（1）计算相邻两次迭代输出结果的汉明距离，记为 H_i 和 H_j，$i = 1，2，\cdots，N$；$j = i+1$。利用 H_i 和 H_j 计算二者之间的汉明距离，记为 d_n，$n = 2，3，\cdots，N$；

（2）d_n 越小，表明二者的相似度越高，在 n 次迭代中，寻找 d_n 的全局极小值；

（3）计算每次迭代中分割结果的灰度均值，记为 $\mathrm{Mean}(n)$，$n = 1，2，\cdots，N$。为了避免找到的 d_n 是局部极小值，需要增加 $\mathrm{Mean}(n) > 0.01$（该条件确保检测到的目标有意义）这一附加条件。满足上述两条件时，即为最优输出结果，同时判定迭代结束。

4.4.2　应用实例

在本章中，对不同场景下的红外图像进行实验，通过与其他优秀方法的实验结果对比证明所提出方法的有效性；同时，选用区域对比度 C_r 和区域一致性 U_r 定量地验证所提出方法的性能。实验环境为：MATLAB R2018b，CPU：3.07 GHz，RAM：16 GB。

在实验中，将所提出的方法与 Otsu 法，Kittler 法，Chen's 方法以及 Wei's 方法进行比较。作为经典图像分割方法，Otsu 法和 Kittler 法通常用于评估新方法，同时，对 PCNN 进行改进并用于图像分割的 Chen's 方法和 Wei's 方法是近年来公认的优秀方法，因此它们被选为所提出方法的对比方法。此外，Chen's 方法和 Wei's 方法的 PCNN 模型中的参数均按照其论文所提供方法或数值进行设置。

实验结果如图 4.14 所示，第一列是原始图像，其他五列分别展示 Otsu 法、Kittler 法、Chen's 法、Wei's 法和所提出的算法对应的图像分割结果。

第二列和第三列展示了 Otsu 法和 Kittler 法的分割结果。从图 4.14（a）和（b）可以看出，在目标灰阶不均匀、信噪比低情况下，Otsu 法和 Kittler 法难以有效地分割出目标。另外，它们对于复杂背景下的小目标也无能为力，如图 4.14（c）和（d）所示。图 4.14（e）和（f）表示背景噪声较强的图像，Ostu 法和 Kittler 法只能分割出后者的目标轮廓，然而分割结果中仍存在大量噪声。总体而言，Otsu 法和 Kittler 法在处理背景复杂和信噪比低的红外图像时分割能力较为有限。

第四列展示了 Chen's 法的分割结果。与 Otsu 法和 Kittler 法相似，除了图 4.14（a）和（f），其他图像中的目标均完全无法被提取出来。此外，虽然图 4.14（a）中车辆轮廓较为完整，但是依旧有部分背景像素被误点火，而图 4.14 （f） 中也存在部分背景噪声。Chen's 法的分割结果欠佳，一方面是因为该 SPCNN 中的突触权重是恒定矩阵，而且权重值偏大，导致鲁棒性较差；另一方面是由于时间衰减因子自适应设置不当，阈值衰减幅度略大，所以在分割时容易造成背景误点火。

第五列展示了 Wei's 法的分割结果。对于图 4.14 （a） 和 （b），Wei's 法的分割结果中存在大量噪声，目标未能被凸显出来，分割效果不佳。在图 4.14 （c）、（d） 和 （e） 中，虽然目标基本被分割完整，但是背景中仍存在一定程度的噪声。对于图 4.14 （f），Wei's 法的分割结果中背景噪声相对上述三种方法要更多。综上所述，Wei's 法虽具有不错的目标分割能力，但其对背景噪声抑制较差，往往导致分割不干净。

第六列展示了所提出方法的分割结果。由图可以看出，无论是面对目标内部灰度不均匀的图像 ［图 4.14 （a） 和 （c）］，或是背景较为复杂且信噪比低的图像 ［图 4.14 （d）、（e） 和 （f）］，FSPCNN 都能几近完美地分割出目标，有效地抑制背景噪声的干扰。更重要的是，对于如图 4.14 （b） 所示的目标与背景的灰度交叠严重、对比度极低的图像，FSPCNN 也能在一定程度上有效地提取出目标。由此证明，所提出的算法比 Otsu 法、Kittler 法、Chen's 法和 Wei's 法等具有更强的图像分割性能和潜力。

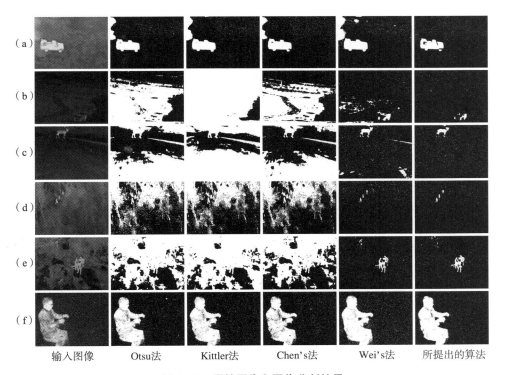

图 4.14　原始图像和图像分割结果

为了对分割结果进行客观评价，需要进行一些定量分析。如前所述，选用区域对比度 C_r 和区域一致性 U_r 作为评价指标定量评估不同方法的分割效果。参数 C_r 表示不同区域的对比度，参数 U_r 表示同一区域内的一致性，即背景和背景，或前景和前景应该具有一致性。图 4.15 表明，在六幅图像的分割结果中，所提出方法的参数 C_r 和参数 U_r 均为最大。

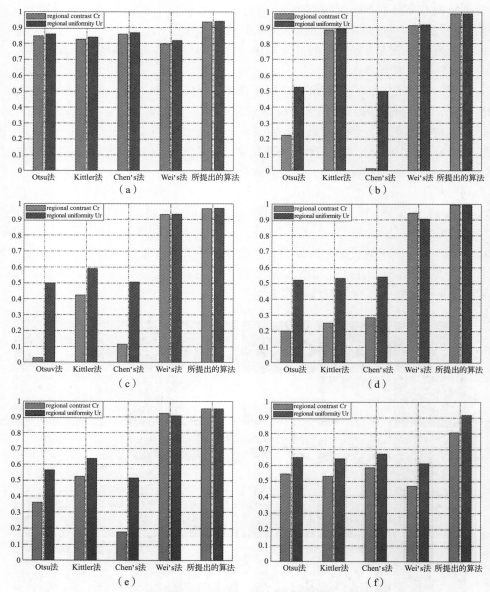

图 4.15　利用所提出的算法和对比算法所获得的 C_r 和 U_r

小　结

　　本章首先分析了 PCNN 的原理，并结合人脑信息处理机制介绍了两种改进的 PCNN 模型及其应用方法，然后，重点论述了以下内容。

　　针对复杂背景的运动弱小目标检测问题，提出一种基于 ALI - PCNN 的红外运动弱小目标检测算法。首先，利用侧抑制网络改进了脉冲耦合神经网络模型，建立了 ALI - PCNN 模型，利用该方法初步分离目标和背景杂波，确定候选目标；然后，利用改进的邻域判决方法分析候选目标的运动特性，根据目标的运动速度自适应确定判决的邻域大小，结合多帧图像流分析提取出真正的目标。实验结果表明，所提出的算法可有效抑制红外图像的复杂背景，准确检测出运动弱小目标，有利于实现复杂背景条件下的抗干扰弱小目标的检测与跟踪。

提出一种基于 FSPCNN 的自适应红外图像分割方法。FSPCNN 模型融合了 SPCNN、SPL、侧抑制机制和神经元快速连接机制，可以实现时间衰减因子的自适应设定和突触权重矩阵的自适应生成，以及最优分割结果的自动输出。复杂背景下的低对比度红外图像的实验结果表明，FSPCNN 对于目标灰度不均匀、复杂背景和低信噪比等条件下的红外图像分割具有较大的优势，在飞行器导航、自动驾驶和计算机视觉等领域具有较大应用价值。

参 考 文 献

［1］ Eckhorn R，Bauer R，Jordan W，et al. Coherent oscillations：A mechanism of feature linking in the visual cortex？［J］. Biological Cybernetics，1988，60（2）：121－130.

［2］ Gray C M，Knig P，Engel A K，et al. Oscillatory responses in cat visual cortex exhibit inter－columnar synchronization which reflects global stimulus properties［J］. Nature，1989，338（6213）：334－337.

［3］ Eckhorn R，Reitboeck H J，Arndt M，et al. Feature Linking via Synchronization among Distributed Assemblies：Simulations of Results from Cat Visual Cortex［J］. Neural Computation，2014，2（3）：293－307.

［4］ Stoecker M，Reitboeck H J，Eckhorn R. A neural network for scene segmentation by temporal coding［J］. Neurocomputing，1996，11（2－4）：123－134.

［5］ Johnson J L，Ritter D. Observation of periodic waves in a pulse－coupled neural network［J］. Optics Letters，1993，18（15）：1253－1255.

［6］ Caulfield H J. Pulse－coupled neural networks［C］// Neural Networks and Pattern Recognition. 1998.

［7］ Johnson J L. Pulse－coupled neural nets：translation，rotation，scale，distortion，and intensity signal invariance for images［J］. Applied Optics，1994，33（26）：6239.

［8］ Johnson J L，Johnson J L，Johnson J L. Time signatures of images［C］// IEEE World Congress on IEEE International Conference on Neural Networks. IEEE，1994.

［9］ Kinser J M. Simplified pulse－coupled neural network［J］. Proceedings of SPIE－The International Society for Optical Engineering，1996，56：563－567.

［10］ Lindblad T，Becanovic V，Lindsey C S，et al. Intelligent detectors modelled from the cat's eye［J］. Nuclear Instruments & Methods in Physics Research，1997，389（1）：245－250.

［11］ Johnson J L，Padgett M L. PCNN models and applications［J］. IEEE Transactions on Neural Networks，1999，10（3）：480.

［12］ Yi－De M，Qing L，Zhi－Bai Q. Automated image segmentation using improved PCNN model based on cross－entropy［J］. Journal of Image & Graphics，2005：743－746.

［13］ Ma Y，Zhan K，Wang Z. Applications of Pulse－Coupled Neural Networks Ⅱ［M］. Springer Berlin Heidelberg，2011.

［14］ Monica Subashini M，Sahoo S K. Pulse coupled neural networks and its applications［J］.

Expert Systems with Applications, 2014, 41 (8): 3965 – 3974.

[15] Johnson J L, Padgett M L, Omidvar O. Guest Editorial Overview Of Pulse Coupled Neural Network (PCNN) Special Issue [J]. IEEE Transactions on Neural Networks, 1999, 10 (3): 461 – 463.

[16] Wang D, Freeman W J, Kozma R, et al. Guest Editorial – Special Issue On Temporal Coding For Neural Information Processing [J]. IEEE Transactions on Neural Networks, 2004, 15 (5): 953 – 956.

[17] Ranganath H S, Kuntimad G, Johnson J L. Pulse coupled neural networks for image processing [C]//Southeastcon 95 Visualize the Future, IEEE, 1995.

[18] Wei S, Hong Q, Hou M. Automatic image segmentation based on PCNN with adaptive threshold time constant [M]. Elsevier Science Publishers, 2011.

[19] Gao C, Zhou D, Guo Y. Automatic iterative algorithm for image segmentation using a modified pulse – coupled neural network [J]. Neurocomputing, 2013, 119: 332 – 338.

[20] Helmy A K, El – Taweel G S. Image segmentation scheme based on SOM – PCNN in frequency domain [J]. Applied Soft Computing, 2016, 40: 405 – 415.

[21] Hassanien A E, Ali J M. Digital mammogram segmentation algorithm using pulse coupled neural networks [C]//International Conference on Image & Graphics. IEEE Computer Society, 2004.

[22] Murugavel M, Sullivan J M. Automatic cropping of MRI rat brain volumes using pulse coupled neural networks [J]. Neuroimage, 2009, 45 (3): 845 – 854.

[23] Fu J C, Chen C C, Chai J W, et al. Image segmentation by EM – based adaptive pulse coupled neural networks in brain magnetic resonance imaging [J]. Computerized Medical Imaging and Graphics, 2010, 34 (4): 308 – 320.

[24] Nigel C, Jiarong W, Jordan B B, et al. Robust automatic rodent brain extraction using 3 – D pulse – coupled neural networks (PCNN) [J]. IEEE Transactions on Image Processing A Publication of the IEEE Signal Processing Society, 2011, 20 (9): 2554.

[25] Harris M A, Van A N, Malik B H, et al. A Pulse Coupled Neural Network Segmentation Algorithm for Reflectance Confocal Images of Epithelial Tissue [J]. PLOS ONE, 2015, 10.

[26] Xie W, Li Y, Ma Y. PCNN – based level set method of automatic mammographic image segmentation [J]. Optik – International Journal for Light and Electron Optics, 2016, 127 (4): 1644 – 1650.

[27] Gu X, Fang Y, Wang Y. Attention selection using global topological properties based on pulse coupled neural network [M]. Elsevier Science Inc., 2013.

[28] Ni Q, Gu X. Video attention saliency mapping using pulse coupled neural network and optical flow [C]//International Joint Conference on Neural Networks. IEEE, 2014.

[29] Pratola C, Del Frate F, Schiavon G, et al. Toward Fully Automatic Detection of Changes in Suburban Areas From VHR SAR Images by Combining Multiple Neural – Network Models [J]. IEEE Transactions on Geoscience and Remote Sensing, 2013, 51 (4): 2055 – 2066.

[30] Taravat A, Latini D, Del Frate F. Fully Automatic Dark – Spot Detection From SAR Imagery

With the Combination of Nonadaptive Weibull Multiplicative Model and Pulse－Coupled Neural Networks［J］. IEEE Transactions on Geoscience and Remote Sensing，2014，52（5）：2427－2435.

［31］ Zhong Y，Liu W，Zhao J，et al. Change Detection Based on Pulse－Coupled Neural Networks and the NMI Feature for High Spatial Resolution Remote Sensing Imagery［J］. IEEE Geoscience and Remote Sensing Letters，2015，12（3）：537－541.

［32］ Schoenauer T，Atasoy S，Mehrtash N，et al. NeuroPipe－Chip：A digital neuro－processor for spiking neural networks［J］. IEEE Transactions on Neural Networks，2002，13（1）：205－213.

［33］ Hellmich，H. H，Jung，et al. Synaptic Plasticity In Spiking Neural Networks（Sp/Sup 2/Inn）：A System Approach［J］. IEEE Transactions on Neural Networks，2003，14（5）：980－992.

［34］ Mehrtash N，Jung D，Klar H. Image preprocessing with dynamic synapses［J］. Neural Computing & Applications，2003，12（1）：33－41.

［35］ Kuntimad G，Ranganath H S. Perfect image segmentation using pulse coupled neural networks［J］. IEEE Transactions on Neural Networks，1999，10（3）：591－598.

［36］ Ranganath H S，Kuntimad G. Iterative segmentation using pulse－coupled neural networks［C］∥Aerospace/defense Sensing & Controls. International Society for Optics and Photonics，1996.

［37］ 李建锋. 脉冲耦合神经网络在图像处理中的应用研究［D］. 长沙：中南大学，2013.

［38］ Chen Y，Park S，Ma Y，et al. A New Automatic Parameter Setting Method of a Simplified PCNN for Image Segmentation［J］. IEEE Transactions on NeuraL Networks，2011，22（6）：880－892.

［39］ 廖传柱，张旦，江铭炎. 基于 ABC－PCNN 模型的图像分割［J］. 南京理工大学学报（自然科学版），2014，4（4）：558－565.

［40］ Li Q，Zhan K，Teng J，et al. Image segmentation using fast linking SCM［C］∥International Joint Conference on Neural Networks. IEEE，2015.

［41］ Zhan K，Zhang H，Ma Y. New Spiking Cortical Model for Invariant Texture Retrieval and Image Processing［J］. IEEE Transactions on Neural Networks，2009，20（12）：1980－1986.

［42］ Stevens，S. S. On the psychophysical law.［J］. Psychological Review，1957，64（3）：153－181.

［43］ Ellermeier W，Günther Faulhammer. Empirical evaluation of axioms fundamental to Stevens' ratio－scaling approach：I. Loudness production［J］. Perception & Psychophysics，2000，62（8）：1505－1511.

［44］ Steingrimsson R，Luce R D. Empirical evaluation of a model of global psychophysical judgments：Ⅲ. A form for the psychophysical function and intensity filtering［J］. Journal of Mathematical Psychology，2006，50（1）：15－29.

［45］ Hirsch J A，Gilbert C D. Synaptic physiology of horizontal connections in cat's visual cortex

[J]. The Journal of Neuroscience, 1991, 11 (6): 1800 –1809.

[46] Durrant S, Feng J. Negatively correlated firing: the functional meaning of lateral inhibition within cortical columns [J]. Biological Cybernetics, 2006, 95 (5): 431 –453.

[47] Stewart R D, Fermin I, Opper M. Region Growing With Pulse – Coupled Neural Networks: An Alternative to Seeded Region Growing [J]. IEEE Transactions on Neural Networks, 2002, 13 (6): 1557 –1562.

[48] Zhuang H, Low K S, Yau W Y. Multichannel Pulse – Coupled – Neural – Network – Based Color Image Segmentation for Object Detection [J]. IEEE Transactions on Industrial Electronics, 2012, 59 (8): 3299 –3308.

[49] 曲仕茹, 杨红红. 基于遗传算法参数优化的 PCNN 红外图像分割 [J]. 强激光与粒子束, 2015, 27 (5): 32 –37.

[50] Deng L, Zhu H, Tao C, et al. Infrared moving point target detection based on spatial – temporal local contrast filter [J]. Infrared Physics & Technology, 2016, 76: 168 –173.

[51] 桑农, 李正龙, 张天序. 人类视觉注意机制在目标检测中的应用 [J]. 红外与激光工程, 2004, 33 (1): 38 –42.

[52] Wang X, Lv G, Xu L. Infrared dim target detection based on visual attention [J]. Infrared Physics & Technology, 2012, 55 (6): 513 –521.

[53] Porat B, Friedlander B. A Frequency Domain Algorithm for Multiframe Detection and Estimation of Dim Targets [J]. Pattern Analysis & Machine Intelligence, 1990, 12 (4): 398 –401.

[54] Henriques J F, Rui C, Martins P, et al. High – Speed Tracking with Kernelized Correlation Filters [J]. IEEE Transactions on Pattern Analysis & Machine Intelligence, 2015, 37 (3): 583.

[55] Levine, Nazif. Dynamic Measurement of Computer Generated Image Segmentations [J]. IEEE Computer Society, 1985.

[56] Ostu N. A threshold selection method from gray – histogram [J]. IEEE Transactions on Systems, Man, and Cybernetics, 2007, 9 (1): 62 –66.

[57] Kittler J, Illingworth J. Minimum error thresholding [J]. Pattern Recognition: The Journal of the Pattern Recognition Society, 1986, 19 (1): 41 –47.

第5章

人脑视觉系统的视觉注意机制及其应用

人脑视觉系统中的视觉注意机制具有强调特异性质、突出感兴趣目标等特性，此类特性使得基于视觉注意的目标检测算法具有较高的通用性和高效性，从而在目标检测相关领域得到了广泛的应用。

本章从神经工程角度分析了人脑视觉系统的视觉注意机制及其数学模型。基于视觉注意机制建立了结构–对比度（Structure and Contrast，SC）视觉注意模型和双层（Dual–layer，DL）视觉注意模型，进一步提出了基于 SCVA（Structure and Contrast Visual Attention）模型的小目标检测方法和基于 DL 视觉注意模型的面目标检测算法，并通过对比实验验证了所提出算法在复杂背景下的小目标/面目标检测方面的优势。

5.1 视觉注意机制及常规数学模型

5.1.1 视觉注意机制

人脑视觉系统每秒都会接收大量的视觉信息，同时快速消除冗余信息、提取有用信息。该过程主要依靠视觉注意机制的调节作用。图 5.1 所示为视觉注意机制的心理学示例，其中，图 5.1（a）所示为颜色特征，图 5.1（b）所示为形状特征。从图中可以看出，具有特异性质的目标会率先被人注意。

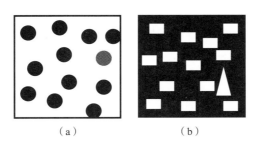

（a）　　　　　　　　　（b）

图 5.1　视觉注意机制心理学示例（书后附彩插）

（a）颜色特征；（b）形状特征

另外，基于神经生物学的研究发现，人脑视皮层包括初级视皮层（V1 区）和纹外皮层（V2，V3，V4，V5 等区域），图 5.2 所示为视皮层的信息传递过程。

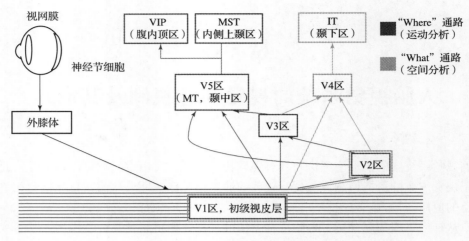

图 5.2 视皮层的信息传递

视皮层的信息处理过程可以分为"What"通路和"Where"通路。其中，"What"通路从初级视皮层 V1、V2 区经过 V4 区投射至 IT（颞下）区，该通路的神经元主要处理颜色、形状等信息，完成视觉信息的提取与整合，主要用于感受及识别目标；"Where"通路从 V1、V2、V3 区经过 MT（颞中）区投射至 VIP（腹内顶）区和 MST（内侧上颞）区，该通路的神经元对运动方向、速度等特征进行感知，完成视觉注意力的选择和眼动控制，主要负责运动分析。

5.1.2 常规视觉注意模型

1. Itti 视觉注意模型

Itti 视觉注意模型是经典的视觉注意模型，该模型采用颜色、亮度和方向三种特征，搜寻显著性目标，Itti 模型的基本框架如图 5.3 所示。

该模型包括初级视觉特征提取、显著图生成和注意焦点的选择三个部分。首先对输入图像进行降采样处理，生成包括原尺度图像在内的 9 种不同尺度图像，形成一个高斯金字塔。模拟中央－周边视觉机制，可知周围的区域会抑制中心神经元的响应，在高斯金字塔不同层次之间进行像素对像素的相减运算，得到特征图。设 c 为金字塔中央层，$c+s$ 为周边层，中央层为尺度在 $c \in \{2, 3, 4\}$ 下的像素，周边层为尺度在 $s \in \{3, 4\}$ 下的像素，则得到 6 种不同 (c, s) 的组合。利用中央层与周边层之间的像素相减运算获取特征图，由于不同层次之间的像素个数不同，需要对像素数较多的图像做插值运算以减少像素个数，待两个图像尺度相等后再相减。对于每一种 (c, s) 组合，可以提取 42 个初级视觉特征，其中包括 12 个颜色特征、6 个亮度特征和 24 个方向特征。

初级视觉特征提取后得到 42 张特征图，首先利用归一化操作算子 $N(\cdot)$ 归一化各类特征图，整体增强具有少量峰值响应的特征图，而整体抑制具有大量峰值响应的特征图，从而获取三类特征显著图；然后，计算三类特征显著图的平均值，从而得到图像的总显著图。

2. 谱残差视觉注意模型

谱残差（Spectral Residual，SR）模型的核心思想是：将图像信息分为冗杂信息和显著

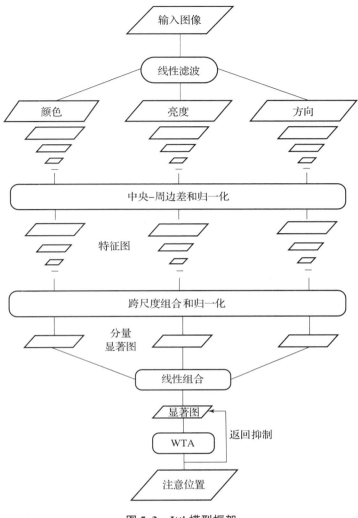

图 5.3　Itti 模型框架

WTA：Winner Take All

信息两部分，通过对输入图像的对数谱进行分析，提取出频域内图像的谱残差，去除冗杂信息，获取图像的显著信息，然后在空间域获取显著图。

设输入图像为 $I(x)$，通过对输入图像的对数谱做均值滤波，得到该图像的平均对数谱 $A(f)$，并将其视为先验信息，即

$$A(f) = h_n(f) * L(f) \tag{5.1}$$

式中，$h_n(f)$ 为一个 $n \times n$ 的局部平均滤波器，可表示为

$$h_n(f) = \frac{1}{n^2} \begin{pmatrix} 1 & 1 & \cdot & \cdot & 1 \\ 1 & 1 & \cdot & \cdot & 1 \\ \cdot & \cdot & \cdot & & \cdot \\ \cdot & \cdot & \cdot & & \cdot \\ 1 & 1 & \cdot & \cdot & 1 \end{pmatrix} \tag{5.2}$$

同时，由于降采样后的图像细节信息更加丰富，将原图进行降采样处理，并计算得到对数谱 $L(f)$，即

$$L(f) = \lg(A(f))　\qquad (5.3)$$

最后，通过对数谱与平均对数谱的相减运算得到谱残差 $R(f)$，即

$$R(f) = L(f) - A(f) \qquad (5.4)$$

获得频域上的谱残差后，首先对其进行傅里叶变换；然后对显著图进行高斯滤波，得到空域中的显著图 S，即

$$S = g(x) * F^{-1}[\exp(R(f) + S(F[I(x)]))]^2 \qquad (5.5)$$

3. 局部对比度视觉注意模型

在人类视觉感知中，对比是评价视觉敏锐度的重要参数，高对比度区域信息丰富，最有可能吸引人类的注意。基于上述原理，局部对比度（Local Contrast，LC）模型提出一种基于局部对比度和模糊生长的显著性检测模型。该模型首先对输入图像进行降采样；然后基于低分辨率图像计算每个像素与其周围像素点的颜色相似度，并将计算结果作为该像素的显著值。

以像素 q 和邻域像素 $p_{i,j}$ 为例（$i \in [0, M]$，$j \in [0, N]$），Θ 表示 q 周围 $M \times N$ 区域，$p_{i,j}$ 为 Θ 区域内像素，$C_{i,j}$ 为像素 q 的显著值，有

$$C_{i,j} = \sum_{q \in \Theta} d(p_{i,j}, q) \qquad (5.6)$$

计算得到每个像素的显著值后，便可得到显著图。为了从所产生的显著图中提取显著区域，该模型利用模糊生长法提取显著区域。对于显著图，存在显著区域和非显著区域两类像素，分别用互斥的两个模糊集 B_A 和 B_U 表示，从而获得显著图 Ω，利用穷举搜索法确定划分两个模糊集的熵的最优结果，则可实现显著区域的分割。

5.2　新型视觉注意模型

本章针对小目标检测和面目标检测两种情况，分别建立了 SC 视觉注意模型和 DL 视觉注意模型。

5.2.1　SC 视觉注意模型

一般情况下，弱小目标具有与背景不同的结构和对比度。所提出的 SC 视觉注意模型通过提取图像的局部结构特征和对比度特征计算显著图，从而增强弱小目标、抑制背景杂波。基于 SC 模型计算显著图的过程如图 5.4 所示。

首先，该模型将图像分别输入到 S 通道（结构通道）和 C 通道（对比度通道）中进行处理。在 C 通道中，利用侧抑制网络滤波实现对比度增强，得到对比度特征图；在 S 通道中，利用基于 Harris 角点理论构造结构函数处理图像，得到结构特征图。然后，在 S 通道和 C 通道中，分别对结构特征图和对比度特征图进行松弛阈值分割和加权融合，从而得到结构显著图和对比度显著图。最后，将结构显著图和对比度显著图相乘融合，得到总显著图。

在 SC 模型的 S 通道中，利用基于 Harris 算子理论构造的结构函数处理图像，以突出弱小目标，得到结构分量显著图。为了进一步提高弱小目标的信杂比，在得到对比度特征图之

后，首先利用松弛阈值法得到权重特征图；然后，将 S 通道中的权重特征图分别加权融合，从而得到结构显著图。

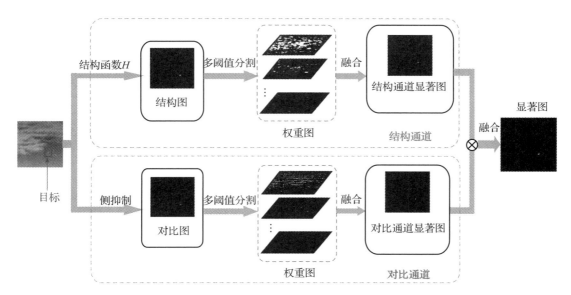

图 5.4　基于 SC 模型显著图计算过程

在 SC 模型的 C 通道中，首先利用侧抑制网络处理图像，以提高目标的对比度，得到对比度分量显著图；然后，采用与 S 通道相同的方法（松弛阈值分割和权重特征图融合）处理对比度特征图，得到对比度显著图；最后，将对比度显著图与结构显著图相乘融合得到总显著图，以增强弱小目标、抑制背景杂波，再利用 Otsu 法对显著图进行图像分割去除背景，从而实现目标检测。

5.2.2　DL 视觉注意模型

图 5.5 所示为 DL 视觉注意模型的流程图，包括特征提取层和概率估计层两个层级。

在特征提取层，主要通过灰度特征提取、对比度特征提取和特征融合三个过程得到图像的初级显著图。其中，灰度特征提取采用均值漂移（Mean－shift）方法实现。根据图像的灰度分布，通过均值漂移对像素点进行分类，将输入图像分割成不同灰度等级的区域，同时保持各分割区域中的内部细节，实现输入图像的灰度特征提取；对比度特征提取采用侧抑制网络（Lateral Inhibition Network，LIN）方法实现。通过侧抑制模板对输入图像进行滤波，可以增强图像的对比度、抑制背景噪声并突出边缘等，以实现输入图像的对比度特征提取；提取图像的灰度和对比度特征图后，将两个特征图相乘进行特征融合，实现输入图像的初级显著图提取。

在概率估计层，主要通过改进的贝叶斯模型实现最终显著图检测。首先，根据特征提取层获得的初级显著图计算图像中目标和背景部分的先验概率和似然函数；然后，利用贝叶斯公式计算最终显著图，得到输入图像的目标检测结果。利用贝叶斯公式计算图像的显著图具有结果直观、计算量小等优势。然而，常规贝叶斯公式通常基于经验知识进行先验概率的计算，对于背景复杂、对比度较低的图像，其显著图计算的准确性较低。针对这一问题，本章改进了贝叶斯模型，根据特征提取层中获得的初级显著图计算先验概率，而非经验知识，有利于提高显著图的准确性。

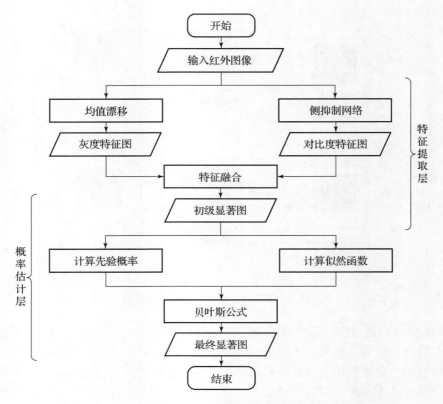

图 5.5　DL 视觉注意模型流程图

5.3　基于 SC 视觉注意模型的小目标检测算法

5.3.1　算法原理

红外弱小目标检测是红外探测系统中的关键技术之一，在红外目标搜索与预警领域具有重要的作用。当进行远距离红外目标探测时，目标相对较小（小于 9×9 像素），缺乏形状和纹理信息，从而增加了目标检测的难度。同时，由于运动目标检测与跟踪过程中存在虚假目标和红外诱饵等干扰，从而使得复杂背景条件下的弱小目标检测与跟踪成为红外探测领域的研究热点和难点。

基于上述分析，本章提出了一种基于 SC 视觉注意模型的小目标检测算法。如图 5.6 所示，该算法将图像分别输入到结构通道（S 通道）和对比度通道（C 通道）进行处理。其中，在 S 通道中，基于 Harris 角点算子理论构造结构函数突出弱小目标，得到结构分量显著图。在 C 通道中，首先，利用侧抑制网络增强目标对比度，得到对比度分量显著图；然后，将 S 通道与 C 通道的显著图融合处理，得到目标显著增强的总显著图；最后，利用 Otsu 法分割显著图确定感兴趣的区域，实现目标检测。同时，结合目标轨迹剔除虚假目标和随机噪声，实现弱小目标的准确定位。

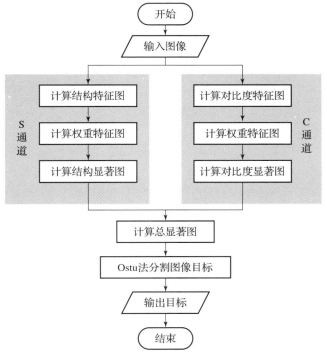

图 5.6　基于 SC 视觉注意模型的小目标检测算法流程

5.3.2　核心过程

1. S 通道提取结构显著图

在 S 通道中，利用基于 Harris 算子理论构造的结构函数处理图像，以突出弱小目标，得到结构分量显著图。一般情况下，弱小目标的红外图像可分为小目标区域、边缘区域及背景区域。图 5.7 所示为弱小目标红外图像中不同种类图像局部块的特性，其中，小目标所在区域一般对各个方向灰度均有明显的变化；边缘区域一般对某一个方向上的灰度变化明显；而背景区域则较为平坦，各方向灰度变化较为平缓。

基于以上分析，一方面，利用小目标区域的局部结构特点构造结构函数可突出弱小目标；另一方面，Harris 角点算子是由 Chris Harris 等提出的用于检测图像角点特征的算法子。该算子利用水平、竖直差分算子对图像的每个像素进行滤波以求得 I_x，I_y，I_{xy}，并按照下式构造局部自相关矩阵 $\boldsymbol{M}$，即

$$\boldsymbol{M} = \sum_{x,y} w(x,y) \begin{bmatrix} I_x^2 & I_x I_y \\ I_x I_y & I_y^2 \end{bmatrix} \tag{5.7}$$

式中，$w(x, y)$ 为图像的窗口函数。

自相关矩阵 $\boldsymbol{M}$ 的特征值 λ_1 和 λ_2 具有如图 5.8 所示的性质。

（1）对于平坦区域，特征值 $\lambda_1 \approx \lambda_2 \approx 0$，说明此时图像窗口在所有方向上的移动都没有明显的灰度变化。

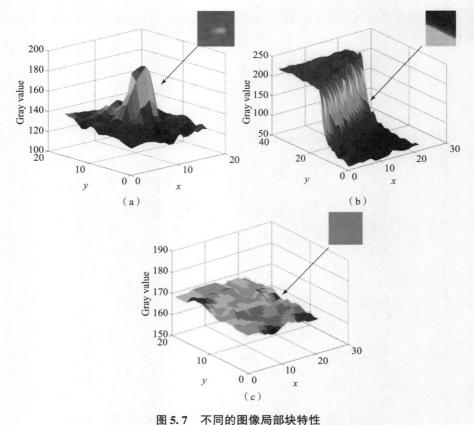

图 5.7 不同的图像局部块特性

（a）小目标区域；（b）边缘区域；（c）背景区域

（2）对于角点区域，特征值 $\lambda_1 \approx \lambda_2 > 0$，说明此时图像窗口在所有方向上移动都产生明显的灰度变化。

（3）对于边缘区域，特征值 $\lambda_1 \gg \lambda_2 > 0$ 或 $\lambda_2 \gg \lambda_1 > 0$，说明此时图像窗口在某个方向上移动产生明显的灰度变化。

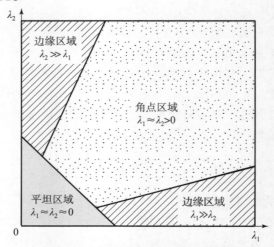

图 5.8 自相关矩阵 M 的特征值性质

基于上述图像局部块的特征分析和 Harris 角点算子中自相关矩阵特征值的性质，构造结构函数 H，以突出弱小目标，即

$$H = \begin{cases} \dfrac{\lambda_1}{\lambda_2} \cdot (\lambda_1 + \lambda_2), & \lambda_1 < \lambda_2 \\[3mm] \dfrac{\lambda_2}{\lambda_1} \cdot (\lambda_1 + \lambda_2), & \lambda_1 \geqslant \lambda_2 \end{cases} \tag{5.8}$$

对于小目标区域，$\lambda_1 + \lambda_2$ 的值最大且 $\lambda_1/\lambda_2 \approx 1$，此时 H 的值最大；对于边缘区域，$\lambda_1 + \lambda_2$ 的值较大，但由于 $\lambda_1 \gg \lambda_2$ 或 $\lambda_2 \gg \lambda_1$，此时 H 的值较小；对于背景区域，$\lambda_1 + \lambda_2 \approx 0$，且 $\lambda_1/\lambda_2 \approx 1$，此时 H 的值最小。利用函数 H 可表示图像不同结构对应的函数值，且小目标区域对结构函数的响应值最大，从而突出小目标区域。同时，将得到的结构函数图边界置零，以消除边界角点。

为了进一步提高弱小目标的信杂比，在得到对比度特征图之后，利用松弛阈值法得到权重特征图。具体步骤为：首先将 S 通道中的特征图灰度拉伸至 $[0, 255]$。然后采用固定步长 δ 的松弛阈值组 $\{T_i\}$ 对特征图进行分割，得到权重特征图。设置步长 $\delta = 4$，阈值组 $\{T_i\}$ 的选取范围为 $3 \sim 251$，以平衡计算效率与检测性能。计算每个权重特征图的权值 $w = N_{total}/N_{front}$，N_{front} 和 N_{total} 分别表示松弛阈值分割时的前景像素数量和整幅图像的像素总数。最后，将 S 通道中的权重特征图分别加权融合，得到结构显著图，即

$$Y = \sum_j w_j y_j$$

式中，Y 为 S 通道中融合后的结构显著图；y_j 为 S 通道中的第 j 幅权重特征图；w_j 为对应的权值。

2. C 通道计算对比度显著图

侧抑制网络是人脑视觉信息处理机制之一，已有研究表明，侧抑制机制具有突出边缘、增强反差的作用，可抑制图像背景和增强目标的对比度。在所提算法的 C 通道中，利用侧抑制网络处理图像，以提高目标的对比度，得到对比度分量显著图，其中，侧抑制网络的滤波模板 L 表示为

$$L = \begin{bmatrix} 0.025 & 0.025 & 0.025 & 0.025 & 0.025 \\ 0.025 & 0.075 & 0.075 & 0.075 & 0.025 \\ 0.025 & 0.075 & 0 & 0.075 & 0.025 \\ 0.025 & 0.075 & 0.075 & 0.075 & 0.025 \\ 0.025 & 0.025 & 0.025 & 0.025 & 0.025 \end{bmatrix} \tag{5.9}$$

利用侧抑制模板 L 对原图像中各像素点所在的图像块进行滤波，得到图像的对比度特征图，滤波的处理过程可表示为

$$G(x, y) = F(x, y) - \sum_{m=-l}^{l} \sum_{n=-l}^{l} L(m, n) F(x+m, y+n) \tag{5.10}$$

式中，$F(x, y)$ 为输入图像的灰度分布；$G(x, y)$ 为经过侧抑制模板滤波后输出图像的灰度分布；$L(m, n)$ 为像素点 (m, n) 对像素点 (x, y) 的抑制系数；l 为抑制野半径。

最后，利用与 S 通道中相同的方法（松弛阈值分割和权重特征图融合）处理对比度特征图，得到对比度显著图。

3. 总显著图计算

首先将 S 通道提取的结构显著图与 C 通道提取的对比度显著图相乘融合，得到总显著图，以增强弱小目标、抑制背景杂波；然后，利用 Otsu 法对显著图进行图像分割、去除背景、分离出目标，从而实现小目标检测。

5.3.3 实验及结果分析

利用所提出算法对六帧不同背景图像进行处理，并与 Max－mean、Max－median、TDLMS、Top－hat 算法和 Wang's 算法进行对比实验。同时，利用图像的信杂比（Signal－to－Clutter Ration，SCR）及信杂比增益（Gain of Signal－to－dutter Ration，GSCR）作为评价指标验证算法的效果。

图 5.9 所示为所提算法与对比算法的小目标检测结果。由图可以看出，Max－mean、Max－median 和 TDLMS 的算法虽然可以增强目标，但是它们均难以有效抑制背景，如在图 5.9（a）中，仍然存在海面杂波；Top－hat 算法可以抑制图像背景，但是它的目标增强能力较弱，尤其当目标的信号较弱时，其检测结果难以保证［图 5.9（e）、（f）］；Wang's 算法可有效抑制背景，但是该算法的参数选取（目标的大小、对比度阈值及扩展区域大小等）对检测性能具有直接的影响。当参数选取不合适时，检测性能将大幅降低，如图 5.9（e）所示，Wang's 算法未能检测出弱小目标。与上述五种算法相比，本章所提出的算法在不同的测试图像中均能有效抑制背景杂波和增强目标，即使是在强杂波背景条件下或目标信号微弱时［图 5.9（b）和（e）］，所提出算法仍具有较好的目标检测性能。

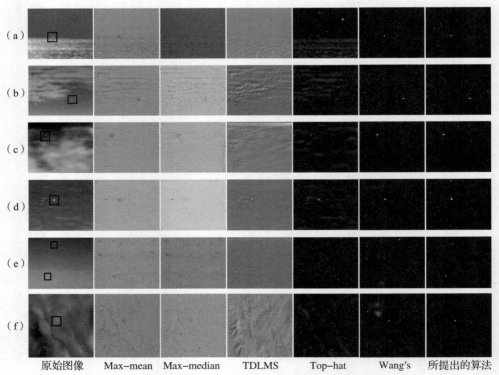

| | 原始图像 | Max-mean | Max-median | TDLMS | Top-hat | Wang's | 所提出的算法 |

图 5.9 所提出的算法与对比算法的单帧目标检测结果

表 5.1 为所提出的算法与对比算法的 SCR_{out} 和 GSCR 指标。其中，图 5.9 中原始图像的 SCR_{in} 从上到下依次为 3.41，2.54，1.68，9.30，1.51 和 2.73。从表 5.1 中可以看出，所提出的算法具有比其他五种对比算法更高的 SCR_{out} 和 GSCR。所提出算法的平均 GSCR 为 8.9，而 Max – mean、Max – median、TDLMS、Top – hat、Wang's 算法的平均 GSCR 分别为 2.0，1.7，3.0，3.2，6.2。需要说明的是，由于部分算法处理后的图像背景灰度方差为 0，导致其信杂比增益计算公式中分母为零，计算结果无穷大，在表 5.1 中则用 "–" 表示。

表 5.1　所提出算法与对比算法的 SCR_{out} 和 GSCR 指标

算　法		(a)	(b)	(c)	(d)	(e)	(f)
SCR_{out}	Max – mean	4.54	4.07	5.61	7.82	5.22	3.90
	Max – median	5.17	3.08	3.80	3.63	4.49	4.42
	TDLMS	6.97	5.98	9.05	11.06	7.76	5.61
SCR_{out}	Top – hat	5.17	4.62	7.77	13.68	8.59	6.08
	Wang's	14.36	16.59	20.31	20.31	–	16.32
	所提出的算法	**19.49**	**21.55**	**21.76**	**26.52**	**22.01**	**23.74**
GSCR	Max – mean	1.33	1.60	3.34	0.84	3.47	1.43
	Max – median	1.52	1.21	2.26	0.39	2.98	1.62
	TDLMS	2.04	2.36	5.39	1.19	5.14	2.06
	Top – hat	1.52	1.82	4.63	1.47	5.69	4.03
	Wang's	4.21	6.54	12.10	2.18	–	5.98
	所提出的算法	**5.72**	**8.50**	**12.96**	**2.85**	**14.59**	**8.70**

5.4　基于双层视觉注意模型的面目标检测算法

5.4.1　算法原理

针对复杂背景、低对比度红外图像的目标检测，本章提出并研究了一种基于双层视觉注意模型的面目标检测算法，所提出的算法包括特征提取层和概率估计层两个层级。其中，特征提取层主要进行初级显著图检测，在灰度通道和对比度通道中首先对输入图像进行并行处理，得到输入图像的灰度特征图和对比度特征图；然后通过特征融合获得初级显著图。概率估计层主要进行最终显著图检测，根据特征提取层中获得的初级显著图计算目标部分和背景部分的先验概率和似然函数，然后利用贝叶斯公式计算最终显著图，从而实现图像的目标检测。

5.4.2　初级显著图检测

基于双层视觉注意模型的面目标检测算法的特征提取层主要实现初级显著图检测。在这一层中，输入图像首先在双通道（灰度通道和对比度通道）中并行处理，分别得到输入图像的灰度特征图和对比度特征图；然后通过融合上述两种特征图获得初级显著图。初级显著图检测如图 5.10 所示。

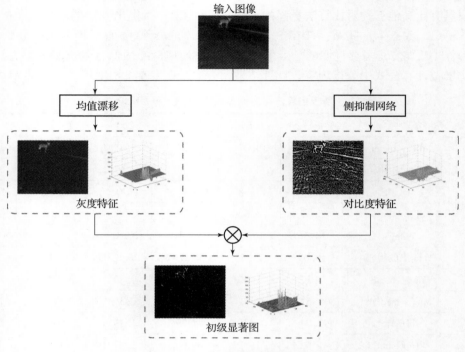

图 5.10　初级显著图检测示意图

1. 灰度特征提取

利用均值漂移方法提取图像的灰度特征，即根据图像的灰度分布对图像中的像素点进行归类。对于输入图像中的任意像素点 A：首先找到该像素点的类标签（Class Label）和相应的类中心（Class Center）B；然后将像素点 A 的灰度值赋为 B 的灰度值，即 $A^g = B^g$，其中，A^g 和 B^g 分别表示像素点 A 和 B 的灰度值。

搜索一个像素点的类中心需要经过多次迭代，单次迭代的执行过程如下。

在第 $k+1$ 次迭代中，类中心像素点的位置为

$$B^p_{k+1} = \frac{1}{N} \sum_{i=1}^{N} A^p_i \tag{5.11}$$

式中，A^p_i 为像素点 A_i 的位置；$\{A_1, A_2, \cdots, A_N\}$ 表示满足以下条件的像素点的集合，即

$$\| A^g_i - B^g_k \| < h \tag{5.12}$$

式中，A^g_i 为像素点 A_i 的灰度值；B^g_k 为第 k 次迭代结果中类中心像素点 B_k 的灰度值；h 为核函数带宽。

当相邻两次迭代结果的类中心位置不变或类中心的灰度变化值在给定阈值之内时，搜索将停止，具体的条件如下：

$$B^p_{k+1} = B^p_k \tag{5.13}$$

或

$$\| B^g_{k+1} - B^g_k \| \leqslant T \tag{5.14}$$

式中，B_k^p 和 B_{k+1}^p 分别表示第 k 次和第 $k+1$ 次迭代结果的类中心像素点的位置；B_k^g 和 B_{k+1}^g 分别为第 k 次和第 $k+1$ 次迭代结果的类中心像素点的灰度值；T 为停止搜索的灰度变化阈值。

将像素点 (x,y) 的灰度值赋为其类中心的灰度值 $B^g(x,y)$，即可获得灰度特征图，即

$$G(x,y) = B^g(x,y) \tag{5.15}$$

2. 对比度特征提取

侧抑制网络具有增强对比度、抑制背景并突出边缘等特性，可用于图像的对比度特征提取，所提出的算法通过模板卷积核 L 对输入图像进行滤波获得对比度特征图，即

$$C(x,y) = I(x,y) - \sum_{m=-l}^{l}\sum_{n=-l}^{l} L(m,n)I(x+m,y+n) \tag{5.16}$$

式中，$I(x,y)$ 为输入图像；$C(x,y)$ 为由侧抑制网络模板 L 滤波后的图像，即对比度特征图，侧抑制网络模板为

$$L = \begin{bmatrix} 0.025 & 0.025 & 0.025 & 0.025 & 0.025 \\ 0.025 & 0.075 & 0.075 & 0.075 & 0.025 \\ 0.025 & 0.075 & 0 & 0.075 & 0.025 \\ 0.025 & 0.075 & 0.075 & 0.075 & 0.025 \\ 0.025 & 0.025 & 0.025 & 0.025 & 0.025 \end{bmatrix} \tag{5.17}$$

3. 特征融合

首先，分别在两个通道内进行灰度特征提取和对比度特征提取，获得输入图像的灰度特征图 $G(x,y)$ 和对比度特征图 $C(x,y)$；然后，将这两个特征图相乘，得到初级显著图 $F(x,y)$：

$$F(x,y) = G(x,y) \times C(x,y) \tag{5.18}$$

5.4.3　最终显著图检测

基于双层视觉注意模型的面目标检测算法的概率估计层进行最终显著图检测。在这一层中，首先，根据特征提取层获得的初级显著图计算先验概率和似然函数；然后，利用贝叶斯公式计算最终显著图，实现输入图像的目标检测。显著图检测的具体流程如图 5.11 所示。

1. 先验概率的计算

在输入图像中，任意像素点 A 均有两个先验概率，即该像素点属于目标的先验概率 $P(T)$ 和该像素点属于背景的先验概率 $P(B)$，分别表示该像素点为目标或背景的概率估计。

如图 5.11 所示，对于像素点属于目标的先验概率 $P(T)$ 的计算：首先从初级显著图中提取特征点 S_1，S_2，$\cdots$，S_N，其中 N 为特征点的数量；然后通过计算像素点 A 和 N 个特征点 S_1，S_2，$\cdots$，S_N 之间的平均相似度，用于确定像素点 A 属于目标的先验概率 $P(T)$。其中，平均相似度的计算综合考虑了当前像素点与特征点之间的灰度距离和空间距离，有利于提高先验概率计算结果的准确性。像素点属于目标先验概率 $P(T)$ 的计算公式为

$$P(T) = \frac{1}{N}\sum_{i=1}^{N} \frac{1}{D_{\text{gray}}(A,S_i) + D_{\text{spatial}}(A,S_i)} \tag{5.19}$$

式中，$D_{\text{gray}}(A,S_i)$ 和 $D_{\text{spatial}}(A,S_i)$ 分别为像素点 A 与第 i 个特征点 S_i 之间的灰度距离和空间距离。

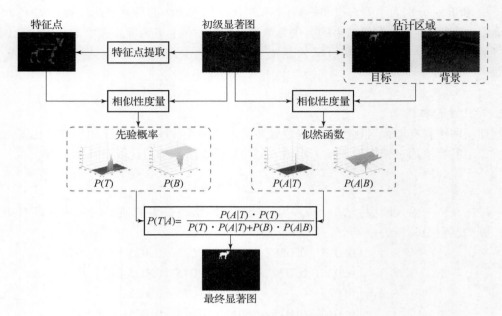

图 5.11 最终显著图检测流程图

特别地，当 $D_{\text{gray}}(A, S_i) + D_{\text{spatial}}(A, S_i) = 0$ 时，令 $1/(D_{\text{gray}}(A, S_i) + D_{\text{spatial}}(A, S_i)) = 1$，$D_{\text{gray}}(A, S_i)$ 和 $D_{\text{spatial}}(A, S_i)$ 的计算公式如下：

$$\begin{cases} D_{\text{gray}}(A, S_i) = F(A^p) - F(S_i^p) \\ D_{\text{spatial}}(A, S_i) = |A - S_i| \end{cases} \tag{5.20}$$

式中，A^p 和 S_i^p 分别表示像素点 A 和第 i 个特征点 S_i 的位置；$|A - S_i|$ 表示像素点 A 和第 i 个特征点 S_i 之间的欧氏距离。

在输入图像中，任意像素点只能属于目标或背景，因此像素点属于背景的先验概率为

$$P(B) = 1 - P(T) \tag{5.21}$$

2. 似然函数的计算

与先验概率类似，对于任意像素点 A，其似然函数也有两种类型，分别为 $P(A|T)$ 和 $P(A|B)$。$P(A|T)$ 表示在已知目标区域的情况下像素点 A 属于目标的概率。如图 5.11 所示，首先，根据初级显著图得到输入图像的估计目标区域；然后，搜索估计目标区域中灰度值为该区域所有灰度值中位数的像素点 T_{md}；最后，计算像素点 A 和 T_{md} 之间的相似度，得到像素点 A 的目标似然函数 $P(A|T)$。同样地，A 和 T_{md} 之间的相似度计算考虑了其灰度距离和空间距离，$P(A|T)$ 的计算公式如下：

$$P(A|T) = \frac{1}{D_{\text{gray}}(A, T_{\text{md}}) + D_{\text{spatial}}(A, T_{\text{md}})} \tag{5.22}$$

式中，$D_{\text{gray}}(A, T_{\text{md}})$ 和 $D_{\text{spatial}}(A, T_{\text{md}})$ 分别表示像素点 A 与灰度值为估计目标区域中所有像素的灰度值中位数的像素点 T_{md} 之间的灰度距离和空间距离，其计算公式如下：

$$\begin{cases} D_{\text{gray}}(A, T_{\text{md}}) = F(A^p) - F(T_{\text{md}}^p) \\ D_{\text{spatial}}(A, T_{\text{md}}) = |A - T_{\text{md}}| \end{cases} \tag{5.23}$$

函数 $P(A|B)$ 表示在已知背景区域的情况下像素点 A 属于背景的概率。类似地，首先，根据初级显著图获得输入图像的估计背景区域；然后，搜索估计背景区域中灰度值为该区域所有灰度值中位数的像素点 B_{md}；最后，计算像素点 A 和 B_{md} 之间的相似度，得到像素点 A 的背景似然函数 $P(A|B)$。考虑到图像中的背景区域通常比较分散，在计算像素点 A 和 B_{md} 之间的相似度时，仅考虑像素点 A 和 B_{md} 之间的灰度距离，而未考虑空间距离，即

$$P(A|B) = \frac{1}{D_{\text{gray}}(A, B_{\text{md}})} \tag{5.24}$$

式中，$D_{\text{gray}}(A, B_{\text{md}})$ 表示像素点 A 与估计背景区域中灰度值中位数像素点 B_{md} 之间的灰度距离，其计算公式与式（5.22）类似。

3. 最终显著图计算

利用两个先验概率 $P(T)$、$P(B)$ 和两个似然函数 $P(A|T)$、$P(A|B)$，利用贝叶斯公式计算像素点 A 属于目标的概率 $P(T|A)$，即

$$P(T|A) = \frac{P(T) \cdot P(A|T)}{P(T) \cdot P(A|T) + P(B) \cdot P(A|B)} \tag{5.25}$$

按照上述步骤处理图像中每个像素点，得到图像中各像素点属于目标的概率分布，即为输入图像的最终显著图。

5.4.4　实验及结果分析

选择自然统计显著图（Saliency Using Natural statistics，SUN）、快速显著图（Fast Saliency，FS）、自相似（Self – Resemblance，SeR）、全局对比度（Local Contrust，LC）、局部对比度（Regional Contrast，RC）、排序结构化树（Ranking Structured Trees，RST）和深度有监督显著图（Deeply Supervised Saliency，DS）七种算法作为对比算法，与所提出的基于双层视觉注意模型的面目标检测算法进行对比实验。采用受试者工作特性 ROC 曲线对算法的目标检测性能进行评估，ROC 曲线可以直观地展示不同虚警率 FPR 下对应的检测率（True Positive Rate，TPR）值。同时，利用 ROC 曲线对应的曲线下面积（Area Under Curve，AUC）值对目标检测性能进行定量评估，AUC 值为 ROC 曲线所覆盖的区域面积，即在坐标轴中处于曲线下方部分的面积，AUC 值越大表明算法的目标检测性能越好。

利用所提出的算法和七种对比算法对八幅实验图像进行目标检测，得到如图 5.12 所示结果。

如图 5.12 所示，七种对比算法中，SUN 能够检测到目标的位置，然而其检测结果的轮廓较为模糊，而且丢失了内部细节；FS 仅能检测到部分图像中目标的轮廓；SeR 仅能检测到部分图像中目标的大概位置，而且噪声抑制能力较弱；LC 的结果相对较好，但是噪声抑制能力同样较弱；RC、RST 和 DS 算法的检测性能相对较好，然而仅对部分图像具有较好的检测效果（如 RC 对图（h）、RST 对图（e）和 DS 对图（c）、（f）、（g）、（h）的检测结果较差）。所提出的基于 DL 视觉注意模型的面目标检测算法不仅可以有效地降低噪声并增强图像对比度，而且可以保留完整的目标轮廓，总体性能优于七种对比算法。

图 5.13 所示为七种对比算法和所提出算法对八幅实验图像的面目标检测结果进行评估得到的 ROC 曲线图，表 5.2 所示为对应的 AUC 值。

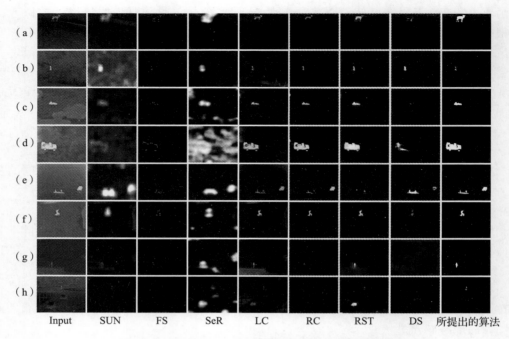

图 5.12 基于典型复杂背景图像的目标检测对比结果

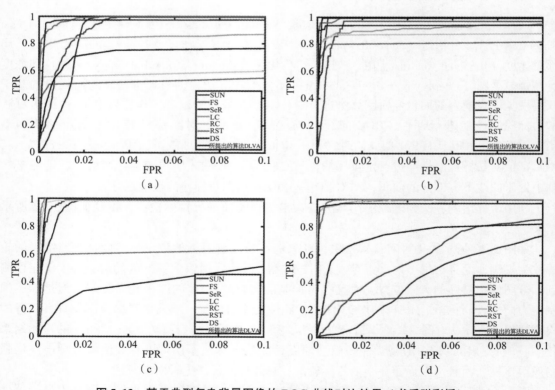

图 5.13 基于典型复杂背景图像的 ROC 曲线对比结果（书后附彩插）

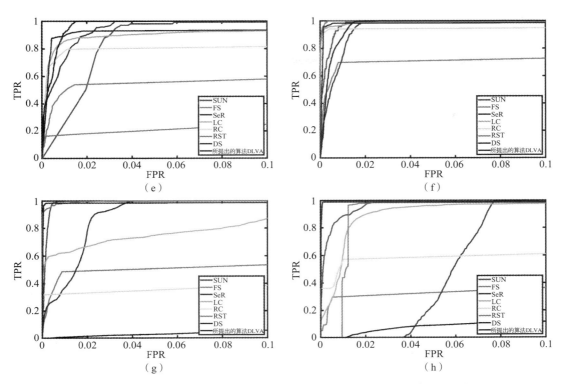

图 5.13　基于典型复杂背景图像的 ROC 曲线对比结果（续）（书后附彩插）

表 5.2　基于典型复杂背景图像实验结果的 AUC 值

图 5.13 分图	SUN	FS	SeR	LC	RC	RST	DS	所提出算法
（a）	0.986 3	0.748 6	0.986 5	0.938 1	0.776 4	0.997 6	0.846 4	**0.984 2**
（b）	0.967 4	0.895 5	0.991 6	0.977 0	0.930 3	0.992 5	0.992 4	**0.965 1**
（c）	0.983 3	0.793 4	0.973 7	0.996 8	0.988 9	0.997 0	0.700 6	**0.995 9**
（d）	0.918 8	0.629 5	0.899 6	0.994 1	0.988 7	0.998 9	0.914 6	**0.987 9**
（e）	0.972 3	0.763 0	0.981 0	0.865 1	0.895 0	0.581 5	0.994 1	**0.998 0**
（f）	0.987 2	0.845 0	0.991 7	0.996 3	0.968 9	0.997 5	0.993 6	**0.996 0**
（g）	0.995 7	0.639 1	0.985 9	0.870 3	0.658 5	0.998 8	0.466 9	**0.996 1**
（h）	0.986 7	0.644 8	0.938 7	0.969 6	0.781 2	0.984 7	0.438 8	**0.992 9**
平均值	0.974 7	0.744 8	0.968 5	0.950 9	0.873 5	0.943 6	0.793 4	**0.989 5**

　　根据图 5.13 和表 5.2 所示的实验结果，相关分析如下：①FS：对于所有实验图像，FS 的 AUC 值都很小；②RC、RST 和 DS：这三种算法的 AUC 值不稳定，如对于图 5.13（b）、（e）和（f），DS 的 AUC 值均大于 0.99，而对于图 5.13（g）和（h），其 AUC 值仅为 0.466 9 和 0.438 8；③SUN、SeR 和 LC：这三种算法的性能相对较好，并且 AUC 值稳定在

较高水平上。与这七种对比算法相比，所提出的算法具有最高的平均 AUC 值（0.989 5），且对于所有的实验图像，所提出的算法得到的 AUC 值均处于较高水平。

小　结

人脑视觉系统中的视觉注意机制具有突出感兴趣区域等特性，在目标检测中可有效抑制图像中的背景噪声，增强目标。本章分别针对复杂背景下的小目标和面目标检测要求，建立了基于 SC 视觉注意模型和双层视觉注意模型，相应地提出了一种基于 SC 视觉注意模型的目标检测方法和一种基于双层视觉注意模型的目标检测算法。所做的对比实验结果表明，将视觉注意机制应用于目标检测领域，可以实现复杂背景下的高精度小目标和面目标检测，在红外目标检测领域具有重要而广泛的应用前景。

参 考 文 献

［1］ 王延江，齐玉娟. 视觉注意和人脑记忆机制启发下的感兴趣目标提取与跟踪［M］. 北京：科学出版社，2016.

［2］ Itti L，Koch C，Niebur E. A model of saliency－based visual attention for rapid scene analysis［J］. IEEE Transactions on Pattern Analysis and Machine Intelligence，1998，20（11）：1254－1259.

［3］ Hou X，Zhang L. Saliency detection：A spectral residual approach［C］∥Washington，DC，USA，2007. IEEE.

［4］ Ma Y F，Zhang H J. Contrast－based image attention analysis by using fuzzy growing［C］∥2003.

［5］ Qi S，Ming D，Ma J，et al. Robust method for infrared small－target detection based on Boolean map visual theory［J］. Appl. Opt.，2014，53（18）：3929－3940.

［6］ Comaniciu D，Meer P. Mean shift：a robust approach toward feature space analysis［J］. IEEE Transactions on Pattern Analysis and Machine Intelligence，2002，24（5）：619.

［7］ Peng X，Dong－guang L，Xue－jun C，et al. Infrared image edge extraction based on the lateral inhibition network and a new denoising method［C］∥2012.

［8］ Dai S，Liu Q，Li P，et al. Study on infrared image detail enhancement algorithm based on adaptive lateral inhibition network［J］. Infrared Physics & Technology，2015，68：10－14.

［9］ Wang X，Lv G，Xu L. Infrared dim target detection based on visual attention［J］. Infrared Physics & Technology，2012，55（6）：513－521.

［10］ Zhang L，Tong M，Marks H，et al. SUN：A Bayesian framework for saliency using natural statistics.［J］. J. Vis.，2008，8（7）：31－32.

［11］ Qi S，Xu G，Mou Z，et al. A fast－saliency method for real－time infrared small target detection［J］. Infrared Physics & Technology，2016，77：440－450.

［12］ Seo H J，Milanfar P. Static and space－time visual saliency detection by self－resemblance［J］. Journal of Vision，2009，9（12）：15.

［13］Zhai Y, Shah M. Visual attention detection in video sequences using spatiotemporal cues ［C］//New York, USA, 2006. ACM.

［14］Mitra N J. Global contrast based salient region detection ［J］. IEEE Transactions on Pattern Analysis & Machine Intelligence, 2015, 37 (3): 569 –582.

［15］Zhu L, Ling H, Wu J, et al. Saliency pattern detection by ranking structured trees ［C］//Washington, DC, USA, 2017. IEEE.

［16］Hou Q, Cheng M, Hu X, et al. Deeply supervised salient object detection with short connections ［C］//Washington, DC, USA, 2017. IEEE.

［17］Tian H, Fang Y, Zhao Y, et al. Salient Region Detection by Fusing Bottom – Up and Top – Down Features Extracted From a Single Image ［J］. IEEE Transactions on Image Processing, 2014, 23 (10): 4389 –4398.

［18］Fawcett T. An introduction to ROC analysis ［J］. Pattern Recognition Letters, 2006, 27 (8): 861 –874.

第6章
人脑视觉系统的记忆机制及其应用

在人脑视觉系统中，记忆是通过识记、提取、遗忘等行为在人脑中实现个体经验积累和保存的心理过程。近年来，记忆在神经生物学、认知心理学等领域得到了深入的研究。同时，受人脑记忆机制的启发，相继出现了多种基于记忆机制的模型和方法。

本章主要从神经工程角度分析了人脑视觉系统的认知记忆机制及其数学模型。在此基础上，建立了多通道记忆模型和多层旋转记忆模型，进一步提出了基于多通道记忆模型、多层旋转记忆模型的目标跟踪算法，并通过实验验证了所提出算法的技术优势。

6.1 记忆机制及常规数学模型

记忆机制是人脑视觉系统进行智能化信息处理的重要手段。人类大脑具有百亿数量级以上的神经元，它们之间通过突触相互连接来传递信息。图 6.1 所示为神经元的结构。已有研究发现，发生改变的神经元的突触位置决定了记忆的内容。

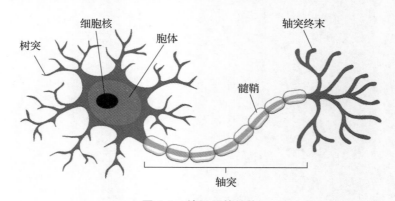

图 6.1　神经元的结构

人类大脑的诸多结构均参与了记忆的过程。图 6.2 所示为人脑解剖图，从外侧看，大脑皮层由额叶、颞叶、顶叶和枕叶等构成；从内侧看，围绕大脑皮层半颈的环状为边缘系统，主要包括扣带回、丘脑、杏仁核、穹窿、海马和海马旁回等。其中，海马体对输入信息的处理、编码和提取具有重要作用。目前，对于海马体负责情景记忆的解剖学解释为：有关"what"信息通过海马旁回的前部到达内嗅皮层，有关"where"信息从海马旁回中的更靠后的部分到达内嗅皮层的另一部分，海马区域将这两种分离信息联系起来，就形成了关于某种事物的情景记忆。

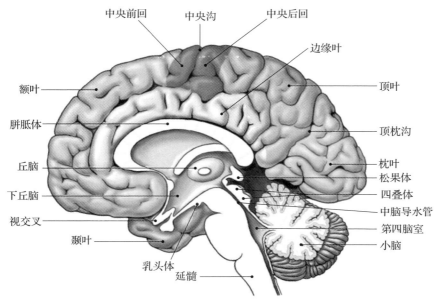

图 6.2　人脑解剖图

对人类记忆的研究开始于 19 世纪 80 年代，国内外研究者相继建立了多种人脑认知记忆模型，其中具有代表性的模型包括：Waugh 和 Norman 提出的双重记忆理论，Atkinson 和 Shiffrin 提出的多重记忆模型和在此基础上进一步完善的记忆信息三级加工模型，Craik 和 Lockhart 提出的克雷克 – 洛克哈特模型，Baddeley 提出的工作记忆模型，Wang 等提出的记忆的功能模型等。

其中，记忆信息三级加工模型是应用最广泛的记忆模型，其工作过程如图 6.3 所示。从图 6.3 可以看出，在记忆信息三级加工模型中，记忆过程被分为三个阶段：瞬时记忆（Ultra Short – Term Memory，USTM）、短时记忆（Short – Term Memory，STM）和长时记忆（Long – Term Memory，LTM）。每一阶段均包含编码、存储和提取三个过程。同时，长时间不被提取的信息会被遗忘。

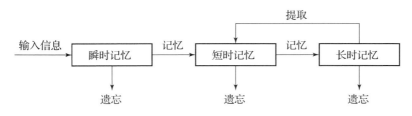

图 6.3　记忆机制的三级加工模型

近年来，基于记忆机制的数学模型及算法在计算机视觉及人工智能领域中得到了应用。例如，Huang 等基于记忆机制提出了一种预测交通流量的方法，并取得了较高的预测精度；Antonio 等和 Mikami 等均将记忆机制引入到粒子滤波算法中，分别解决了目标跟踪过程中的目标被遮挡和人脸姿态变化问题；王延江等提出了基于记忆机制的计算模型及跟踪算法，如图 6.4 所示。

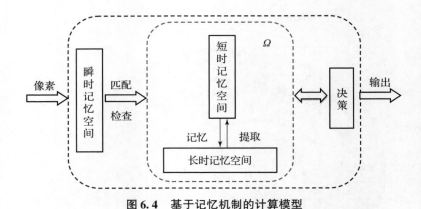

图 6.4　基于记忆机制的计算模型

6.2　新型记忆模型设计

针对目标跟踪过程中容易出现的目标被遮挡后重现和被相似物干扰而导致跟踪失败的问题，本章建立了两种新型记忆模型，分别为多通道记忆模型和多层旋转记忆模型。

6.2.1　多通道记忆模型

多通道记忆系统（Multiple – Entry Modular Memory System，MEM）是一个多维度的、由基本的认知要素所构成的记忆系统。该系统从横向水平结构划分为知觉记忆系统 P 和反映性的记忆系统 R 两个部分；从纵向垂直结构划分为监控者（Supervisor）和执行者（Executive），在反映性的系统 R 中完成系统中的控制和协调功能。具体来说，监控者要素只涉及简单的、学习良好的任务，如为新或旧的再认判断设定简单的标准等。执行者要素则涉及更为复杂的监控，如完成含有多个要求的任务等。多通道记忆系统将监控者和执行者等要素组合在一起，共同实现多通道记忆功能。

为了全面地模拟人脑的记忆机制，实现复杂信息的记忆和认知，在三阶段记忆模型和多通道记忆系统模型的基础上，本章建立了一种基于多通道记忆的更新模型，如图 6.5 所示。

1. 初始化

利用所建立的基于多通道记忆的更新模型，分别建立控制通道 C、执行通道 R – 1 和 R – 2 的记忆空间。其中，瞬时记忆空间可以存储一个模板，短时记忆空间和长时记忆空间分别可以存储 N 个模板。通道 C 的记忆空间用于存储目标估计模板的灰度特征即灰度直方图，设为 q_t；执行通道 R – 1 的记忆空间用于存储跟踪分类器的参数，设为 α_t；执行通道 R – 2 的记忆空间用于存储学习得到的目标外观模型即其梯度方向直方图（Histograms of Oriented Gradients，HOG）特征，设为 x_t。

输入第一帧标定目标窗口后，经过目标检测阶段检测出的第二帧目标直方图特征 q_t 作为估计模板存储于控制通道 C 的瞬时记忆空间。首先，将学习得到的分类器参数 α_t 和分类器的目标外观模型，即 HOG 特征 x_t 分别存储于通道 R – 1 和 R – 2 的瞬时记忆空间中；然后，将每个通道的瞬时空间存储的模板作为当前模板，存储于每个通道短时记忆空间的第一个位置。

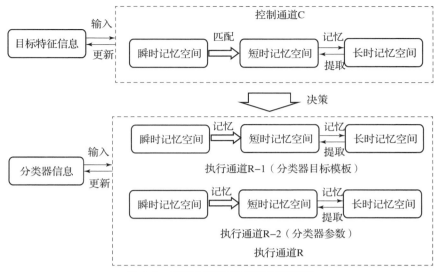

图 6.5　基于多通道记忆的更新模型

2. 短时记忆空间内的匹配过程

将控制通道 C 中的估计模板 q_t 与短时记忆空间中的当前模板进行匹配，计算出相似度 ρ。定义当前模板的匹配阈值为 T_{dc}，若 $\rho > T_{dc}$，则匹配成功；若 $\rho < T_{dc}$，则匹配失败。

若将瞬时记忆空间存储的灰度特征与短时记忆空间中的当前模板匹配失败，则与短时记忆空间的其他模板继续进行匹配，预定义短时记忆空间的匹配阈值为 T_{ds}，若 $\rho > T_{ds}$，则匹配成功。

如果短时记忆空间中存在匹配分布，则该位置 q_j 的匹配次数计数器为 $M_j = M_j + 1$，同时，根据下式对控制通道的更新规则对控制通道的记忆空间中目标模板进行更新：

$$q_t = (1 - \varepsilon)q_{t-1} + q \qquad (6.1)$$

式中，q_t 与 q_{t-1} 分别为当前帧与上一帧的灰度特征；ε 为灰度特征的更新速率。

下面，按照执行通道 R－1 中分类器参数 α_t 和 R－2 目标外观模型 x_t 中的更新规则，根据下式更新执行通道中记忆空间中的信息：

$$\begin{cases} \alpha_t = (1 - \beta)\alpha_{t-1} + \alpha_x \\ x_t = (1 - \beta)x_{t-1} + x \end{cases} \qquad (6.2)$$

式中，α_t 与 α_{t-1} 分别为当前帧与上一帧的分类器更新系数；x_t 与 x_{t-1} 分别为当前帧的目标外观模型；β 为分类器和目标外观模型的更新系数。

如果短时记忆空间中不存在匹配分布，则记短时空间中最后一个分布为 q_N，同时进入长时记忆空间中进行匹配。

3. 长时记忆空间内的匹配过程

将瞬时记忆空间存储的灰度特征和长时记忆空间中的模板进行匹配，计算出相似度 ρ，预定义长时记忆空间的匹配阈值为 T_{dl}，若 $\rho > T_{dl}$，则匹配成功；若 $\rho < T_{dl}$，则匹配失败。

如果在长时记忆空间中匹配成功，则该位置 q_j 的匹配次数计数器为 $M_j = M_j + 1$；同时，根据式（6.1）和式（6.2）更新控制通道和执行通道中的信息。并且，将在长时空间匹配到的模板提取到短时空间的第一个位置作为当前模板，短时空间的其他模板依次向后移动。

另外，短时空间的最后一个分布 D_K 在不可记忆的情况下（即 $M_j < T_M$）则会被遗忘，在可记忆的情况下（$M_j > T_M$），将 D_K 记忆到长时记忆空间。

如果在长时记忆空间中匹配失败，将估计模板存储在短时记忆空间的第一个位置作为当前模板，而 D_K 通过判断是否可被记忆，被记忆或者被遗忘。

6.2.2 多层旋转记忆模型

除了三级记忆空间外，人脑记忆机制还具有如下现象：

（1）人脑记忆提取到的信息往往是模糊的，尤其是当所提取的信息或事件发生在很久以前时。

（2）人脑记忆总是将所存储的信息和与其相关的其他信息联系起来，基于接收到的信息，人脑会在记忆空间中寻找已存储的相关信息，并与接收到的新信息进行合并。

（3）人脑记忆所检索到的信息的质量通常与记忆该信息时所花费的时间和精力有关。

（4）在某些情况下，人脑在某个时间无法回忆起一条信息，然而经过一段时间后，可能又成功回忆起该信息。同时，对于同一个新接收到的信息，人脑在不同时间通过该信息回忆起的信息不完全相同。

对上述现象进行总结，人脑视觉系统中的记忆机制具有如下特性：

（1）人脑记忆的不确定性。在某一个时刻，人脑中存储的信息往往只有一部分能够被人脑检索，而不是所有的信息都在脑中清晰呈现。

（2）人脑记忆的模糊性。记忆空间中类似的信息会进行合并，从而导致随着时间的推移，所存储的信息会逐渐变得模糊。

（3）人脑记忆的联想性。人脑记忆会通过新接收到的信息联想到记忆空间中与之相关的旧信息。

已有的记忆模型仅粗略地模拟了人脑的记忆机制，而无法深层次地模拟人脑记忆机制中的不确定性、模糊性和联想性等特性，从而导致其难以解决以目标跟踪中目标受遮挡和相似目标干扰等问题。

1. 结构设计

基于上述分析，本章建立了一种多层旋转记忆（Multi-layer Rotation Memory，MRM）模型，图 6.6 所示为该模型的示意图。

由图 6.6 可以看出，所建立的多层旋转记忆模型包含一个三层同心圆环、一个过滤器单元、两个比较融合单元、一个比较单元和一些数据存储单元（包括记忆数据单元和空数据单元），同时在三层同心圆环的每层圆环中都有三种不同类型的窗口，分别为输入窗口、输出窗口和观察窗口，各个组成部分的主要功能如下。

（1）三层同心圆环。主要模拟人脑的各个不同记忆空间及人脑记忆空间中信息的动态更新。其中，每层同心圆环模拟一个记忆空间，从外层到内层分别为瞬时记忆空间、短时记忆空间和长时记忆空间。同时，每一层同心圆环都以一个特定的速度旋转，从外层到内层速度分别为 v_1、v_2 和 v_3。

（2）过滤器单元。主要用于对进入记忆空间的信息进行筛选。由于在目标跟踪任务中只考虑单一的目标，因此利用过滤器单元将每次的输入信息与外层同心圆环（瞬时记忆空间）中所存储的信息进行比较，距离处于容忍距离之内的输入信息才可进入记忆空间。

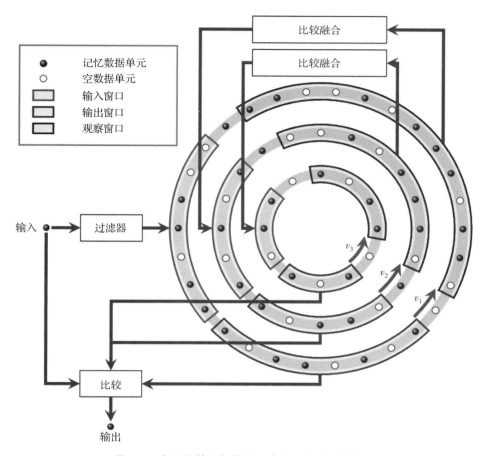

图 6.6 多层旋转记忆模型示意图（书后附彩插）

（3）比较融合单元。主要用于筛选外层记忆空间中的信息，并将合适的信息送入内层记忆空间，用于模拟人脑中所记忆的信息由浅层记忆空间进入深层记忆空间的过程。具体过程包括比较和融合两种操作。其中，比较操作模拟了人脑的联想性，通过计算两个信息之间归一化的欧氏距离获得它们的相似度；融合操作模拟了人脑的模糊性，通过计算两个或多个信息的平均值实现信息的融合，在最外层 – 中间层和中间层 – 最内层之间分别有一个比较融合单元。

（4）比较单元。主要用于评估每层记忆空间的输出信息与总的输入信息之间的相似性，从而保证输出与总输入信息最相似的信息，具体过程与比较融合单元中的比较操作相同。

（5）数据空间。主要用于存储信息。每层同心圆环中都有多个数据空间，包括已存储信息的记忆数据单元和未存储信息的空数据单元。

（6）窗口。包括输入窗口、输出窗口和观察窗口。存在于每层同心圆环上，随着圆环的转动，在任何时刻都只有特定位置的数据空间出现在特定的窗口位置，这个过程模拟了人脑记忆的不确定性，即在任一时刻并不是记忆空间中存储的所有信息都可以被利用。

2. 工作过程

图 6.7 所示为多层旋转记忆模型的工作流程，具体过程如下。

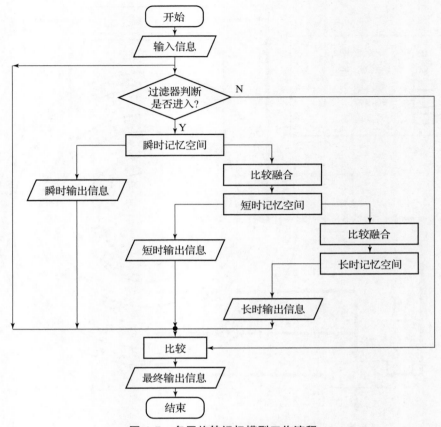

图6.7 多层旋转记忆模型工作流程

（1）初始输入信息经过过滤器单元评估是否可以进入记忆空间，如果可以进入，转到步骤（2）；否则，转到步骤（6）。

（2）初始输入信息进入最外层圆环，即瞬时记忆空间，并将其称为瞬时输入信息，如果当前时刻瞬时记忆空间的输入窗口中存在空数据单元，即将瞬时输入信息直接存储在该位置；否则，计算瞬时输入信息与处于输入窗口中的每个信息之间的归一化欧氏距离，并将其与距离最小的信息进行融合。同时，比较处于输出窗口中的各个信息与瞬时输入信息之间的归一化欧氏距离，并将距离最小的信息作为瞬时记忆空间的输出，即瞬时输出信息。

（3）通过比较融合单元将瞬时记忆空间中处于观察窗口中距离在容忍距离之内的两个或多个信息进行融合并输入中间层圆环，即短时记忆空间，将其称为短时输入信息。

（4）短时记忆空间中信息的输入和输出过程与步骤（2）类似，其输出称为短时输出信息。

（5）与步骤（3）和步骤（4）类似，通过比较融合单元将短时记忆空间中处于观察窗口中距离在容忍距离之内的两个或多个信息进行融合并输入最内层圆环，将其称为长时输入信息，同时输出长时输出信息。

（6）若三个记忆空间均未有输出，则将初始输入信息作为最终输出信息；否则，分别计算三个输出信息（瞬时输出信息、短时输出信息和长时输出信息）与初始输入信息之间的距离，并将与初始输入信息距离最小的输出信息作为最终输出信息。

6.3 基于多通道记忆模型的核相关滤波目标跟踪算法

在基于多通道记忆的核相关滤波器中，首先建立一种基于多通道记忆的更新模型，采用一个控制通道记忆目标模板，同时采用两个执行通道记忆分类器参数；然后，将所建立的模型引入 KCF 跟踪器的更新过程，使该算法可记忆先前出现的场景。当目标出现遮挡、相似干扰及姿态变换时，分类器参数及模板可以准确地进行更新，以准确定位下一帧目标的位置。算法的总体流程如图 6.8 所示。

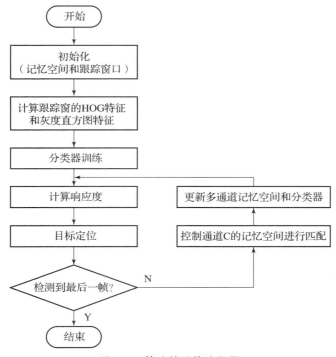

图 6.8 算法的总体流程图

根据图 6.8，所提出算法的主要步骤如下。

（1）初始化多通道记忆空间和跟踪窗口，根据 6.2.1 节所述过程建立控制通道 C、执行通道 R － 1 和 R － 2 的记忆空间。

（2）第 1 帧时，利用初始化的跟踪窗口计算直方图特征 q_1，同时利用该窗口作为样本进行训练，获得第 1 帧的分类器模板的 HOG 特征 x_1 和参数 α_1，作为下一帧分类器的模板和参数。

（3）第 $t(t \geqslant 1)$ 帧时，利用 $t－1$ 帧求得的分类器计算第 t 帧图像的响应度，并根据 6.3.2 节所述的过程对目标进行定位，然后，求得当前定位目标的直方图特征 q_t、分类器模板的 HOG 特征 x_t 和参数 α_t。

（4）根据 6.3.3 节所述的更新过程，将步骤（2）获得的当前目标直方图特征 q_t 与控制通道的短时和长时记忆空间中的模板进行匹配，并进行多通道记忆空间和分类器信息的更新，从而获得第 $t＋1$ 帧的分类器模板和参数。

6.3.1　分类器训练

（1）通过循环偏移构建出分类器的训练样本，使得数据矩阵转换为一个循环矩阵。设初始帧图像即基础样本 $\boldsymbol{x} = [x_1, x_2, \cdots, x_n]$，给定置换矩阵 $\boldsymbol{P}$，使用置换矩阵 $\boldsymbol{P}$ 对样本图像进行循环移位，得到循环移动 i 位后的训练样本 $X_i = P^i x$（$\forall i = 0, 1, 2, \cdots, n-1$）构成循环矩阵 $\boldsymbol{X} = [\boldsymbol{x}, P\boldsymbol{x}, \cdots, P^{n-1}\boldsymbol{x}]^{\mathrm{T}}$。基于循环矩阵的特性，利用式（6.3）进行傅里叶变换，从而避免后续矩阵求逆的过程：

$$\boldsymbol{X} = \boldsymbol{F} \operatorname{diag}(\hat{x}) \boldsymbol{F}^{\mathrm{H}} \tag{6.3}$$

式中，$\boldsymbol{F}$ 为离散傅里叶矩阵；$\hat{x} = \boldsymbol{F}x$ 表示 x 的离散傅里叶变换；$\boldsymbol{F}^{\mathrm{H}}$ 为矩阵 $\boldsymbol{F}$ 的共轭转置。

（2）利用训练样本学习一个分类器 $f(\boldsymbol{x})$，用于计算所有候选区域成为跟踪目标的概率。分类器训练以 HOG 特征表征样本，训练过程如下：

$$\min_w \sum_{i=0}^{n-1} (f(x_i) - y_i)^2 + \lambda \| w \| \tag{6.4}$$

式中，λ 为正则化参数，用于防止过拟合；w 为分类器参数；y_i 为每个训练样本 X_i 对应的分类标签，y_i 值服从相对于基样本的距离的高斯分布，其范围为 $[0, 1]$。

在 KCF 跟踪器中，$f(\boldsymbol{x})$ 为非线性分类器，它的解 w 由映射后的样本的线性组合表示，即

$$w = \sum_{i=0}^{n-1} \alpha_i \varphi(x_i) \tag{6.5}$$

式中，α_i 为对应训练样本 X_i 的系数；$\varphi(x)$ 为映射函数，它可将 x 映射到高维空间，x 与 x' 映射到高维空间后的相关度可用高斯核函数 κ 表示，即 $\varphi^{\mathrm{T}}(x)\varphi(x') = \kappa(x, x')$。

由所有训练样本 X_i（$i = 0, 1, \cdots, n-1$）构造核矩阵 $\boldsymbol{K}$，$\boldsymbol{K}$ 的元素为 $K_{ij} = \kappa(x_i, x_j)$，高斯核函数 κ 为酉不变的，则 $\boldsymbol{K}$ 为循环矩阵。

基于核的正则化最小二乘可求得岭回归的闭式解，向量 $\boldsymbol{\alpha}$ 的计算过程如下：

$$\boldsymbol{\alpha} = (\boldsymbol{K} + \lambda \boldsymbol{I})^{-1} \boldsymbol{Y} \tag{6.6}$$

式中，$\boldsymbol{K}$ 为核矩阵；向量 $\boldsymbol{Y} = [y_0, y_1, \cdots, y_{n-1}]^{\mathrm{T}}$；向量 $\boldsymbol{\alpha} = [\alpha_0, \alpha_1, \cdots, \alpha_{n-1}]^{\mathrm{T}}$。

由于核矩阵 $\boldsymbol{K}$ 为循环矩阵，根据式（6.3）的性质可求得 $\boldsymbol{\alpha}$ 的离散傅里叶变换表达式，即

$$\hat{\alpha} = \frac{\hat{y}}{\hat{k}^{xx} + \lambda} \tag{6.7}$$

式中，$\hat{\alpha}$ 为 $\boldsymbol{\alpha}$ 的傅里叶变换；$\hat{k}^{xx}$ 为 $\boldsymbol{K}$ 的第一行，这样将求 ω 转化为求 α。

因此，给定单个测试样本 z，分类器的响应即其成为目标的概率大小，可表示为

$$f(z) = w^{\mathrm{T}} z = \sum_{i=0}^{n-1} \alpha_i \kappa(z, x_i) \tag{6.8}$$

6.3.2　目标定位

完成非线性分类器训练后，利用分类器进行目标的定位，同时循环矩阵也被应用到检测中，以加速整个过程。

在下一帧输入图像 z 中，将 z 也进行循环位移，构成循环矩阵，即 $z_i = P^i z$。设 f_i 为 z_i 的

响应，x_{t-1} 为上一帧的更新目标模板，则根据式（6.8）可得到分类器的响应如式，即

$$f_i = \sum_{i=0}^{n-1} \alpha_i \kappa(P^i z, P^i x_{t-1}) \tag{6.9}$$

定义矩阵：$\boldsymbol{K}^z = \kappa(P^i z, P^i x_{t-1})$，矩阵 $\boldsymbol{K}^z$ 为循环矩阵，利用下式求得 $f(z)$ 的傅里叶变换表达式 $\hat{f}(z)$：

$$\hat{f}(z) = (\hat{K}^{x_{i-1}^z}) \odot \hat{\alpha} \tag{6.10}$$

式中，$\hat{\alpha}$ 为 $\boldsymbol{\alpha}$ 的傅里叶变换；$\hat{K}^{x_{i-1}^z}$ 为 $\boldsymbol{K}^z$ 的第一行。

将 $\hat{f}(z)$ 变换回时域，即可得到 $f(z)$。向量 $f(z)$ 中元素值为下一帧输入图像 z 中所有候选区域成为跟踪目标的概率，其最大值所对应的区域是目标的位置。

6.3.3　基于多通道记忆的分类器更新

为使得跟踪器有效记忆先前出现的场景，避免分类器信息更新错误，将基于多通道记忆的更新模型引入核相关滤波器中。基于多通道记忆的分类器更新过程如图 6.9 所示。

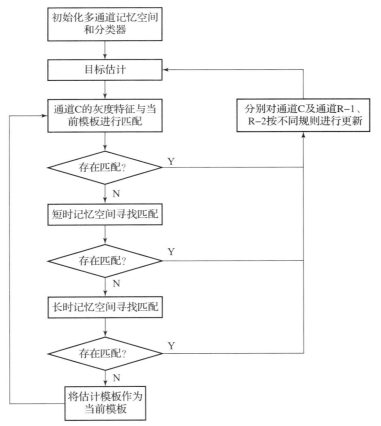

图 6.9　基于多通道记忆的更新过程

6.3.4　实验及结果分析

实验硬件平台为台式计算机，CPU 主频为 2.7 GHz，内存 4 GB，软件平台为 MATLAB

R2012b。为了验证所提出方法，选取"Visual Tracker Benchmark"视频测试集中的视频序列作为实验对象，同时，与当前性能优异的判别式目标跟踪算法（时空上下文跟踪（Spatio-temporal Context，STC）算法、压缩跟踪（Compressive Tracking，CT）算法和常规 KCF 算法）的跟踪结果进行了比较。其中，STC 算法同时结合了时间信息和空间信息，具有较高的目标跟踪准确性和速率；CT 算法以压缩感知和贝叶斯分类为基础进行建模，对于姿态变化、光照变化、遮挡和运动模糊等场景具有较高的鲁棒性，常规 KCF 算法避免矩阵求逆操作，具有很高的跟踪速度。

为了便于定量分析，采用绘制精确度图评估各种算法的跟踪精度。其中，精度曲线的横轴为给定的精度阈值，纵轴为跟踪精度大于给定阈值的图像帧占所有图像帧的比例，同时，当曲线上阈值小于阈值 20 像素时认为跟踪成功。

1. 目标被遮挡

图 6.10 的实验对象 Girl 序列存在严重遮挡情况，在该数据集中，目标（女孩的脸部）被周围男孩严重遮挡后又逐渐消失。图 6.10 的实验结果显示了各算法在经历严重遮挡后的跟踪结果，由图可以看出，STC 算法在目标被遮挡后完全跟丢了目标，如第 455 帧、第 456 帧和第 496 帧；CT 算法取得了很好的跟踪结果，在目标被遮挡后依然能跟住目标，但是跟踪框偏离了目标中心，如第 496 帧；常规 KCF 算法由于跟踪器根据前一帧目标更新生成的目标模型与当前帧的图像块进行匹配，从而无法在男孩脸部遮挡住目标女孩的情况下正确判断出真实目标，误将男孩脸部当作目标进而出现跟错目标的情况，如第 455 帧、第 456 帧和第 496 帧；所提出的算法由于引入基于多通道记忆的更新模型，当目标被遮挡时，如第 455 帧和第 456 帧，记忆空间依然能保存先前未被遮挡时的场景，从而当被遮挡的目标重新出现时，如第 496 帧，该目标与控制通道中记忆空间的模板匹配成功，从而使得分类器正确更新，继续准确跟踪目标。

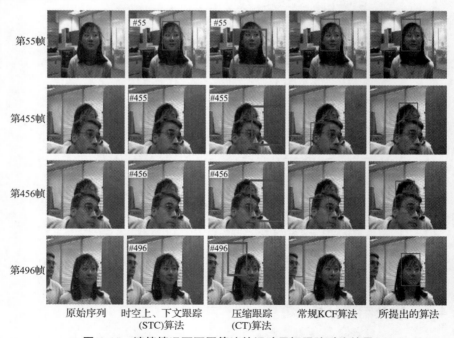

图 6.10 遮挡情况下不同算法的运动目标跟踪对比结果

2. 目标姿态变换

图 6.11 的实验对象 Freeman1 序列存在姿态变换的情况，在该数据集中，目标人物经历了显著的姿态变换。图 6.11 显示了各算法在经历姿态变换后的跟踪结果，由图可以看出，STC 算法在目标发生小幅度的姿态变换后偏离了目标，如第 140 帧和第 170 帧，当目标继续转身和快速行走后完全跟丢了目标，如第 316 帧；CT 算法在第 316 帧时跟踪到了手部，偏离了目标中心；常规 KCF 算法在目标发生姿态变换时无法准确跟踪目标；所提出的算法在跟踪过程中将不同姿态的目标模板存储在多通道记忆空间中，使得分类器可以根据目标的不同姿态进行准确更新，从而当目标发生姿态变换时，如第 140 帧、第 170 帧及第 316 帧，依然可以稳定跟踪目标，证明了所提出的算法对姿态变换情况下的目标具有较好的适应能力。

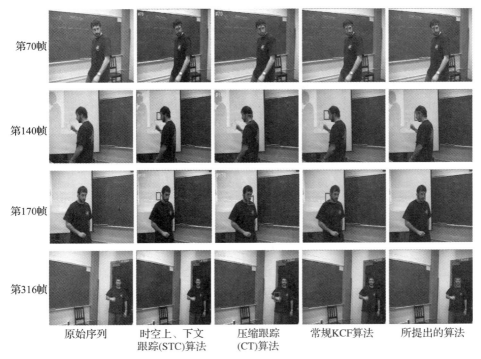

第70帧

第140帧

第170帧

第316帧

原始序列　　时空上、下文　　压缩跟踪　　常规KCF算法　　所提出的算法
　　　　　　跟踪(STC)算法　　(CT)算法

图 6.11　姿态变换情况下不同算法的运动目标跟踪对比结果

3. 相似目标干扰

图 6.12 的实验对象 Football 序列存在该数据集中相似干扰的情况，由于要跟踪的目标是橄榄球运动员的头部，而运动员戴的头盔是同样的。因此，目标运动员与周围的运动员头部相似度极高，在第 283 帧时，目标运动员头部被 37 号运动员头部遮挡。图 6.12 的实验结果显示了各种算法在经历相似干扰后的跟踪结果，由图可以看出，在目标运动员与周围运动员相撞前，如第 276 帧，各种算法均取得了不错的跟踪效果。然而，在目标运动员与周围运动员相撞后，STC、CT 和常规 KCF 算法均跟错了目标，跟踪到了相似干扰目标 37 号运动员的头部，如第 296 帧和 324 帧所示。而所提出的算法在相似干扰目标出现时，由于控制通道的记忆空间中目标模板不断更新，使得执行通道的分类器得以准确更新，从而使得跟踪器准确地跟踪正确目标。

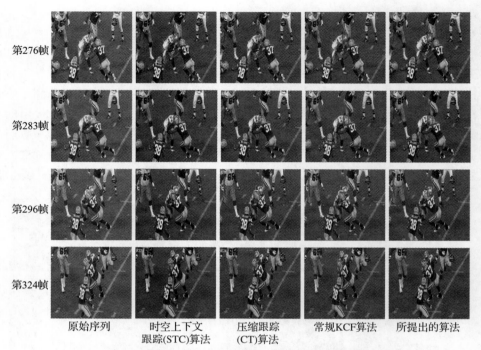

第276帧

第283帧

第296帧

第324帧

原始序列 时空上下文 压缩跟踪 常规KCF算法 所提出的算法
跟踪(STC)算法 (CT)算法

图6.12 相似干扰情况下不同算法的运动目标跟踪对比结果

4. 跟踪精度

图6.13（a）~（c）分别为运动目标在遮挡序列（Girl）、姿态变换（Freeman1序列）和相似干扰序列（Football）情况下不同算法的运动目标跟踪精度图。从图6.13（a）可以看出，各种算法的抗遮挡性能从高到低依次为所提出的算法、常规KCF算法、STC算法和CT算法；在距离阈值为20像素时，所提出的算法在跟踪精度上比STC方法提升了57%，比CT方法提升了96%，比常规KCF方法提升了14%。从图6.13（b）可以看出，在姿态变换情况下，各种算法在距离阈值为20像素的跟踪精度从高到低依次为所提出的算法、CT算法、常规KCF算法和STC算法，所提出的算法在跟踪精度上比CT方法提升了45%，比常规KCF算法分别提升了60%，比STC算法提升了66%。从图6.13（c）可以看出，在相似干扰情况下，所提出的算法的跟踪精度达到98%，各种算法的跟踪精度依次为：提出算法、常规KCF算法、STC算法和CT算法。由以上结果可知，本章所提出的算法在目标出现遮挡、姿态变换和相似干扰的情况下依然能够准确跟踪目标，具有较强的抗干扰能力和鲁棒性。

5. 跟踪速度

表6.1分别为STC算法、CT算法、常规KCF算法和所提出的算法处理不同序列的运行速度。从表中可以看出，对于Girl序列，STC算法的速度是56.94 fps，CT算法的速度是68.97 fps，常规KCF算法的速度最高为105.01 fps。相比于常规KCF算法，所提出算法的速度有所下降（97.17 fps），所提出算法比常规KCF算法多消耗的时间主要用在多通道记忆的模板更新过程中，由于跟踪到的目标模板需要与控制通道中记忆空间的模板进行匹配，进而决策执行通道中记忆空间存储的分类器信息的更新操作，因此会占用一定时间。然而，由于建立的短时空间和长时空间所存储的模板数量是固定值 $N(N=5)$，随着目标不断更新，记

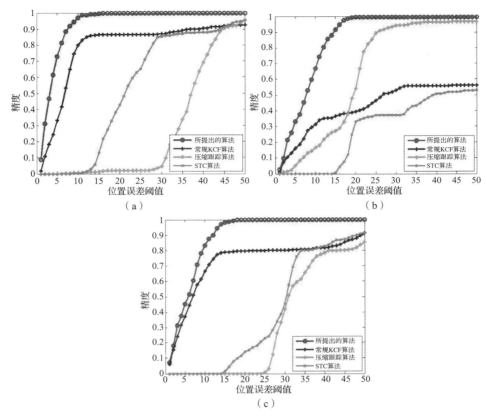

图 6.13　不同算法的运动目标跟踪精度图

（a）Girl 序列跟踪精度图；（b）Freeman1 序列跟踪精度图；（c）Football 序列跟踪精度图

忆空间中的模板也进行着记忆、遗忘和位置移动等更新操作，因此，多通道记忆的模板更新并没有过多降低 KCF 跟踪器的跟踪速度，不会影响算法实际的实时应用，而且跟踪精度及鲁棒性与 STC 算法、CT 算法和常规 KCF 算法相比都具有显著的优势。

表 6.1　不同算法的运行速度　　　　　　　　单位：fps

跟踪算法	STC 算法	CT 算法	常规 KCF 算法	所提出的算法
Girl 序列	56.94	68.97	105.01	**97.17**
Freeman1 序列	66.44	55.92	254.04	**207.74**
Football 序列	48.87	40.99	106.22	**96.02**

6.4　基于多层旋转记忆模型的相关滤波目标跟踪算法

面向目标跟踪过程中目标遮挡或相似干扰等情况易造成跟踪精度下降甚至跟踪失败等问题，本章将所建立的 MRM 应用于相关滤波目标跟踪框架中，提出一种基于 MRM 的相关滤波目标跟踪算法。

6.4.1 相关滤波目标跟踪框架

本章基于相关滤波跟踪框架提出并实现了基于多层旋转记忆模型的目标跟踪算法。典型的相关滤波目标跟踪框架主要通过对每一帧输入图像重复进行检测－训练－更新过程来实现对目标的跟踪。当任意一帧图像输入后，首先根据前一帧图像中的预测位置确定当前帧图像的搜索窗；然后提取搜索图像的特征图；其次，利用之前学习的分类器对特征图进行卷积生成相关响应图，响应图上的最大值所在位置即被视为当前帧的目标位置；最后，根据当前帧图像中目标位置处的特征图对分类器参数进行训练和更新。

设 $(\hat{m}_{t-1}, \hat{n}_{t-1}, a, b)$ 为第 $t-1$ 帧图像中目标的位置和尺寸信息，其中，$\hat{m}_{t-1}$ 和 $\hat{n}_{t-1}$ 为目标跟踪框的中心坐标位置，a 和 b 为目标框的宽和高；将跟踪框进行扩展即可建立第 t 帧图像的搜索窗 $(\hat{m}_{t-1}, \hat{n}_{t-1}, \rho a, \rho b)$，其中 ρ 是扩展系数。

提取第 t 帧图像中处于搜索窗区域内图像的分层深度卷积特征图，用 x_t 表示在第 t 帧中尺寸为 $M \times N \times D \times L$ 的特征图的循环移位，其中，M，N，D，L 分别表示特征图的宽度、高度、通道数和层数，则 $x_t[d, l]$ 表示第 t 帧时，第 l 层中通道 d 的特征图，其中 $d \in \{1, 2, \cdots, D\}$，$l \in \{1, 2, \cdots, L\}$。

设第 $t-1$ 帧图像中对应于第 l 层特征图的分类器参数为 $w_{t-1}[d, l]$，将该层特征与分类器参数进行傅里叶变换后，再将对应元素点乘并求和，然后经过逆傅里叶变换，就可以得到该层的子响应图 $f_t[1]$，即

$$f_t[l] = F^{-1}\left(\sum_{d=1}^{D} \mathscr{F}(w_{t-1}[d,l]) \odot \mathscr{F}(x_t[d,l])\right) \tag{6.11}$$

式中，$\mathscr{F}$ 和 $\mathscr{F}^{-1}$ 分别表示离散傅里叶变换和反离散傅里叶变换；$\odot$ 表示哈达玛积。

下面，将每一层特征图的子响应图 $f_t[1]$ 与权重系数 γ_l 进行加权融合就可以得到总的相应图 f_t，即

$$f_t = \sum_{l=1}^{L} \gamma_l \cdot f_t[l] = \sum_{l=1}^{L} \gamma_l \mathscr{F}^{1}\left(\sum_{d=1}^{D} \mathscr{F}(w_{t-1}[d,l]) \odot \mathscr{F}(x_t[d,l])\right) \tag{6.12}$$

响应图 f_t 中最大值所处的位置即为第 t 帧图像中目标框的中心位置，则

$$(\hat{m}_t, \hat{n}_t) = \underset{m,n}{\mathrm{argmax}} f_t(m, n) \tag{6.13}$$

式中，$(m, n) \in \{1, 2, \cdots, M\} \times \{1, 2, \cdots, N\}$。

第 t 帧图像中目标位置 $(\hat{m}_t, \hat{n}_t)$ 处通过循环移位建立训练样本集 x_t'，每一个样本都有一个二维高斯函数标签，即

$$y_{u,v} = \exp\left[-\frac{(u - M/2)^2 + (v - M/2)^2}{2\varepsilon^2}\right] \tag{6.14}$$

式中，$(u, v) \in \{1, 2, \cdots, M\} \times \{1, 2, \cdots, N\}$；$\varepsilon$ 表示带宽。

第 t 帧图像中第 l 层的新的分类器参数 $w_t'[l]$ 可以通过最小化输出项 $w_t[d,l] * x_t'[d,l]$ 与相应的高斯函数标签 $y_{u,v}$ 的 l_2 损失函数来训练得到，即

$$w_t'[l] = \underset{w_t[l]}{\mathrm{argmin}} \left\| \sum_{d=1}^{D} w_t[d,l] * x_t'[d,l] - y \right\|^2 + \lambda \sum_{d=1}^{D} \| w_t[d,l] \|^2 \tag{6.15}$$

式中，λ 为 l_2 正则化系数；"$*$" 表示相关操作，即式（6.15）中所示的操作。

利用离散傅里叶变换（Discrete Fourier Transform，DFT）可得

$$w'_t[d,l] = \mathscr{F}^{-1} \left(\frac{\mathscr{F}(y) * \odot \mathscr{F}(x'_t[d,l])}{\sum\limits_{i=1}^{D} (\mathscr{F}(x'_t[i,l]))^* \odot \mathscr{F}(x'_t[i,l]) + \lambda} \right) \tag{6.16}$$

式中，$\mathscr{F}$ 和 $\mathscr{F}^{-1}$ 分别表示离散傅里叶变换和反离散傅里叶变换；"$*$" 表示共轭；$\odot$ 表示哈达玛积。

对每一帧输入图像进行上述操作，即可以得到每一帧图像中目标的位置，同时对分类器参数进行更新，最终实现目标跟踪。

6.4.2　基于 MRM 的相关滤波目标跟踪算法设计

本章所提出的基于多层旋转记忆模型的相关滤波目标跟踪算法在常规相关滤波的基础上引入了两个多层旋转记忆模型，从而增强了跟踪算法中分类器的时间特性。

具体来说，所提出的算法在跟踪过程中，当跟踪一帧新图像时，首先经过相关滤波算法训练好的分类器会输入一个多层旋转记忆模型；然后与模型中存储的分类器利用所建立的模型更新规则进行匹配、融合、提取和记忆等操作；最后输出当前帧的可靠分类器，该分类器融合了之前所记忆的分类器特征，可以更好地适应跟踪过程中出现的遮挡后目标重现和复杂背景等问题。所提出的算法的总体框架如图 6.14 所示。

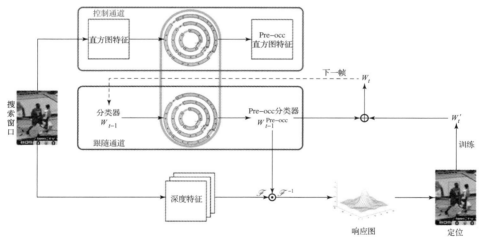

图 6.14　基于多层旋转记忆模型的相关滤波目标跟踪算法框架（书后附彩插）

另外，考虑到相关滤波跟踪算法的分类器中参数众多，直接对分类器参数进行多层旋转记忆模型中的众多操作会造成计算量过大，将影响算法速度。因此，本章通过控制通道和跟随通道实现分类器的记忆功能，如图 6.14 所示。其中，在控制通道中，利用目标图像的直方图特征获取当前帧多层旋转记忆模型中的更新过程。同时，跟随通道中的分类器参数只需要按照控制通道中多层旋转记忆模型的更新过程进行更新。由于目标图像的直方图特征往往比分类器参数的数据量小很多，因此能够以较小的计算量实现分类器的动态更新。

基于多层旋转记忆模型的相关滤波目标跟踪算法的具体步骤如下。

（1）初始化。第 1 帧时，初始化跟踪图像的跟踪窗口和命令通道，并且跟随通道中的两个多层旋转记忆模型，然后利用初始化的跟踪窗口计算直方图特征 q_1 和深度特征 x_1，同时训练分类器 W_1。

（2）分类器记忆更新。当对第 $t(t>1)$ 帧图像进行跟踪时，首先求得第 $t-1$ 帧图像中目标图像的直方图特征 q_{t-1}；然后，利用控制通道中的多层旋转记忆模型对直方图特征 q_{t-1} 进行动态更新，同时获得在该帧中多层旋转记忆模型的更新过程，并对 $t-1$ 帧得到的分类器 W_{t-1} 利用跟随通道中的多层旋转记忆模型以相同的更新过程进行更新，得到 Pre-occ 分类器 $W_{t-1}^{\mathrm{Pre-occ}}$，即受遮挡前的分类器。

（3）相关滤波定位目标。求得第 $t-1$ 帧图像中目标图像的深度特征 x_{t-1}，如式（6.12）和式（6.13），利用 Pre-occ 分类器 $W_{t-1}^{\mathrm{Pre-occ}}$ 对其进行相关滤波操作，得到响应图，实现第 t 帧图像的目标定位。

（4）分类器训练。利用式（6.15）和式（6.16）对分类器进行训练，得到第 t 帧图像的分类器 W_t。

6.4.3 实验及结果分析

1. 实验方法

利用台式计算机（CPU 为 Intel(R) Xeon E5 - 2620（2.10 GHz）× 2，GPU 为 NVIDIA Quadro P2000，内存 64 GB）开展所提出的算法的对比实验，软件平台为 MATLAB R2017a。

利用 OTB50 图像数据集进行对比实验，该数据集包括 50 个图像序列，每一个序列都有不同的属性，这些图像序列属性均为目标跟踪过程中容易出现的影响跟踪精度的因素，共有 11 种，分别为：光照变化（Illumination Variation，IV）、平面外旋转（Out - of - Plane Rotation，OPR）、尺度变化（Scale Variation，SV）、遮挡（Occlusion，OCC）、目标形变（Deformation，DEF）、运动模糊（Motion Blur，MB）、快速运动（Fast Motion，FM）、平面内旋转（In - Plane Rotation，IPR）、目标消失（Out - of - View，OV）、背景杂波（Background Clutter，BC）和低分辨率（Low Resolution，LR）。此外，对比实验中各层记忆空间的具体参数设置如表 6.2 所示，算法中容忍距离设为 0.35。

表 6.2 基于多层旋转记忆模型的相关滤波目标跟踪算法（MRMCF）参数设置

参数	外层	中层	内层
各层记忆空间中数据数目	20	15	10
各层记忆空间旋转速度	2	1	1
各层记忆空间输入窗口大小	5	3	2
各层记忆空间观测窗口大小	6	5	3
各层记忆空间输出窗口大小	5	5	3

分别采用跟踪精度曲线和跟踪成功率曲线度量所提出的算法的精度和准确度。其中，跟踪精度为跟踪算法得到的目标跟踪框的中心点与人工标注目标框的中心点之间的距离小于给定阈值的帧数占总帧数的百分比，通过设定不同的阈值计算相应的跟踪精度，得到跟踪精度曲线，一般将阈值为 20 像素点时得到的值作为算法的跟踪精度。另外，跟踪成功率通过计算重合率得分（Overlap Score，OS）获得，首先通过 $OS = |a \cap b| / |a \cup b|$ 计算 OS 值，其中，a 表示跟踪算法得到的目标跟踪框，b 表示人工标注目标框，$|X|$ 表示区域 X 中包含的像素数目。对于图像序列中的任意一帧，当其 OS 值大于设定的阈值时，则判断该帧跟踪成功，

计算图像序列中跟踪成功的帧数占总帧数的比值，即为跟踪成功率。类似地，对于算法对同一个序列得到的跟踪结果，设定不同的阈值计算相应的跟踪精度，得到跟踪成功率曲线，一般将阈值为 0.5 时得到的值作为算法的跟踪成功率。

2. 实验结果及分析

利用所提出的基于多层旋转记忆模型的相关滤波目标跟踪算法（记为 MRMCF）与 18 种对比目标跟踪算法进行对比实验，包括卷积神经网络 – 支持向量机（Convolution Neural Network and Support Vector Machine，CNN – SVM），多专家熵最小化（Multiple Experts Using Entropy Minimization，MEEM），核相关滤波（Kernel Correlation Filter，KCF），判别尺度空间跟踪器（Discriminative Scale Space Tracker，DSST），核结构输出跟踪（Structured Output Tracking with Kernels，Struck），稀疏型合作模型（Sparsity – based Collaborative Model，SCM），跟踪 – 学习 – 检测（Tracking – Learning – Detection，TLD），视觉跟踪分解（Visual Tracking Decomposition，VTD），视觉跟踪取样器（Visual Tracker Sampler，VTS），协同相关跟踪器（Collaborative Correlation Tracker，CCT），自适应结构局部稀疏外观模型（Adaptive Structural Local Sparse Appearance Model，ASLA），局部稀疏外观模型（Local Sparse Appearance Model，LSK），概率连续离群值模型（Probability Continuous Outlier Model，PCOM）等。图 6.15 所示为利用 OTB50 图像数据集在一次评估（One Pass Evaluation，OPE）下的总体对比结果，为了图像更加直观，仅列出排名前 10 的跟踪算法。由图 6.15 可以看出，所提出的基于多层旋转记忆模型的相关滤波目标跟踪算法跟踪精度达到了 89.4%，跟踪成功率达到了 76.1%，均高于其他对比算法，表明所提出的算法具有更好的跟踪性能。

图 6.16 所示为所提出算法与对比算法在 OTB50 图像数据集中部分图像序列的跟踪结果（为了更加清晰地展示跟踪框的位置，图中仅显示了排名前 5 位的跟踪结果）。

从图 6.16 可以看出，上述序列的实验结果中，所提出的 MRMCF 目标跟踪算法的跟踪精度均优于对比算法。

（1）序列 coke 具有 IV、OCC、FM、IPR、OPR 和 BC 六种图像序列属性，从图 6.16 中可以看出，在跟踪过程前期，目标保持平稳运动，因此五种算法都能得到较好的跟踪效果（图中#0050 和 0116），之后目标发生旋转，DSST 和 MEEM 跟踪框发生偏移（图中#0210）。当目标被植物叶片遮挡时，DSST 和 CNN – SVM 的跟踪框发生较大偏移（图中#0260）；当目标重现时，DSST、MEEM 和 KCF 未能寻回目标（图中#270）。

（2）序列 deer 具有 MB、FM、IPR、BC 和 LR 五种图像序列属性。从图 6.16 中可以看出，在跟踪过程前期，五种算法都能得到较好的跟踪效果（图中#0010）。在之后的跟踪过程中，由于目标运动速度较快，同时有相似目标的干扰，KCF 在#0030、#0036 和#0050 出现了目标丢失和跟踪框偏移现象，DSST 在#0030 和#0040 丢失目标，MEEM 在#0040 跟踪框出现了小范围偏移。

（3）序列 football 具有 OCC、IPR、OPR 和 BC 四种图像序列属性。从图 6.16 中可以看出，在跟踪过程前期，五种算法都能得到较好的跟踪效果（图中#0100），随着目标的快速运动，DSST、MEEM 和 KCF 的跟踪框出现了偏移（图中#0200）。由于相似目标的干扰，DSST、MEEM、CNN – SVM 和 KCF 的跟踪框均出现了偏移（图中#0283 和#0290），之后在#297 中，DSST、CNN – SVM 和 KCF 出现目标丢失现象，而所提出的 MRMCF 算法未受到相似目标的干扰，均保持良好的跟踪效果。

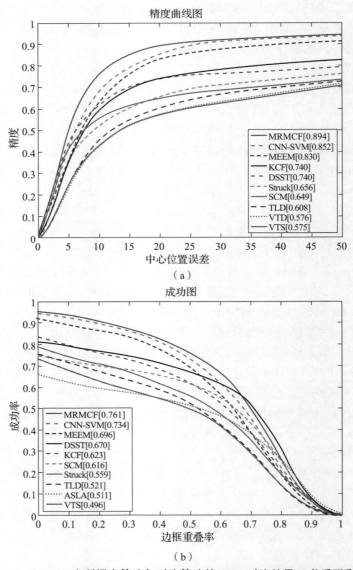

图 6.15 OTB50 上所提出算法与对比算法的 OPE 对比结果（书后附彩插）

（a）精度曲线图；（b）成功率曲线图

（4）序列 freeman4 具有 SV、OCC、IPR 和 OPR 四种图像序列属。从图 6.16 中可以看出，由于目标被遮挡、目标发生旋转等情况，对比算法的跟踪框均发生了不同程度的偏移，在#0080 中，MEEM 和 KCF 发生了偏移；在#0110 中，KCF 发生了偏移；在#0150 中，DSST、CNN–SVM 和 KCF 发生了偏移，MEEM 发生了小范围偏移；在#0166 中，DSST、MEEM 和 KCF 发生了偏移；在#0270 中，四个对比算法均发生了偏移，而所提出的 MRMCF 算法在整个跟踪过程中均保持良好的跟踪效果。

（5）序列 girl 具有 SV、OCC、IPR 和 OPR 四种图像序列属性。从图 6.16 中可以看出，在跟踪过程前期，五种算法都能得到较好的跟踪效果，仅 DSST 出现了小范围偏移现象（图中#0300 和#0420）。当出现相似目标干扰时，KCF 受到干扰，跟踪框出现偏移，同时 DSST、

MEEM 和 CNN – SVM 也受到影响，出现小范围的偏移（图中#0438）。随着时间的推移，DSST 也受到相似目标的干扰出现了跟踪框偏移现象（图中#0470 和#0490），而在整个过程中，所提出的 MRMCF 算法均能实现平稳跟踪，未受到相似目标的干扰。

（6）序列 lemming 具有 IV、SV、OCC、FM、OPR 和 OV 六种图像序列属性。从图 6.16 中可以看出，在跟踪过程前期，五种算法都能得到较好的跟踪效果（图中#0200）。当目标出现旋转时，DSST、MEEM 和 KCF 的跟踪框均发生了小范围的偏移（图中#0370）；之后随着目标发生快速运动，DSST 和 KCF 出现了目标丢失现象，同时 CNN – SVM 和 MEEM 的跟踪框也出现了偏移（图中#0382 和#0776）。在#1070 中，目标的姿态和尺度均发生了变化。在这种条件下，五种算法的跟踪框均不能完全框选目标，而所提出的 MRMCF 算法的跟踪框位置相对准确。

图 6.16　OTB50 图像数据集中部分图像序列的跟踪结果对比图（书后附彩插）

（7）序列 matrix 具有 IV、SV、OCC、FM、IPR、OPR 和 BC 七种图像序列属性。从图 6.16 中可以看出，在#0021 中，DSST，CNN-SVM 和 KCF 目标丢失，MEEM 发生了小范围偏移；在#0024 中，DSST、CNN-SVM 和 KCF 出现了目标丢失现象；在#0047 中，CNN-SVM 也出现目标丢失现象，而 DSST、MEEM 和 KCF 发生了小范围偏移；在#0084 中，由于目标快速运动，所有算法均出现了目标丢失的现象；在#0086 中，所提出的 MRMCF 算法重新寻回了目标。

综上所述，对于 coke，deer，football，freeman4，girl，lemming 和 matrix 序列，所提出的 MRMCF 算法均具有更好的跟踪性能。

表 6.3 显示了近年来不同算法在 OTB50 上进行的基于单项图像序列属性的性能评估结果。

表 6.3　基于单项属性的跟踪成功率曲线的 AUC 值　　　　　单位：%

算法	IV	OPR	SV	OCC	DEF	MB	FM	IPR	OV	BC	LR
MRMCF	**60.3**	**59.5**	**55.5**	**58.7**	62.7	**58.5**	**57.0**	**58.6**	56.5	**64.1**	**49.4**
CNN-SVM	55.6	58.2	51.3	56.3	**64.0**	56.5	54.5	57.1	57.1	59.3	46.1
MEEM	53.3	55.8	49.8	55.2	56.0	54.1	55.3	53.5	**60.6**	56.9	36.0
DSST	56.1	53.6	54.6	53.2	50.6	45.5	42.8	56.3	46.2	51.7	40.8
KCF	49.3	49.5	42.7	51.4	53.4	49.7	45.9	49.7	55.0	53.5	31.2
SCM	47.3	47.0	51.8	48.7	44.8	29.8	29.6	45.8	36.1	45.0	27.9
Struck	42.8	43.2	42.5	41.3	39.3	43.3	46.2	44.4	45.9	45.8	37.2
LSK	37.1	40.0	37.3	40.9	37.7	30.2	32.8	41.1	43.0	38.8	23.5
VTD	42.0	43.4	40.5	40.3	37.7	30.9	43.0	44.6	42.5	17.7
TLD	39.9	42.0	42.1	40.2	37.8	40.4	41.7	41.6	45.7	34.5	30.9
VTS	42.9	42.5	40.0	39.8	36.8	30.4	30.0	41.6	44.3	42.8	16.8
CCT	28.6	36.4	33.5	37.8	34.5	31.2	33.3	35.5	46.7	38.5	18.9
FOT	28.6	36.4	33.5	37.8	34.5	31.2	33.1	35.5	46.7	38.5	18.9
PCOM	28.6	36.4	33.5	37.8	34.5	31.2	33.1	35.5	46.7	38.5	18.9
ASLA	42.9	42.2	45.2	37.6	37.2	25.8	24.7	42.5	31.2	40.8	15.7

表 6.3 给出了在 11 种图像序列属性下的精度 AUC 分数。可以看出，在大多数图像序列属性下，所提出的基于 MRMCF 的相关滤波目标跟踪算法的效果优于其他跟踪算法，特别是在 OCC 和 BC 等具有挑战性的条件下。这一结果表明，在大部分情况下，将所提出的基于人脑记忆机制的多层旋转记忆模型应用于目标跟踪领域，可解决目标被遮挡、复杂背景等条件下的准确目标跟踪问题；此外，在 DEF 条件下，所提出的算法仅次于 CNN-SVM，在 OV 条件下，所提出的算法仅次于 MEEM 和 CNN-SVM，说明所提出的算法并不完全适用于所有场景，仍有改进的空间。

小　　结

人脑视觉系统中的记忆机制信息存储和提取的能力，能够在出现类似数据时，有效提取记忆空间中已存储的相似数据。因此，人脑记忆机制具有解决跟踪过程中目标被遮挡等问题的潜力。本章针对目标跟踪过程中目标遮挡、相似干扰等情况所导致的跟踪精度下降问题，建立了多通道记忆模型和多层旋转记忆模型，进一步提出一种基于多通道记忆模型的核相关滤波目标跟踪算法和一种基于多层旋转记忆模型的相关滤波目标跟踪算法。实验结果表明，所提出的算法在目标跟踪精度和跟踪成功率方面具有明显优势，有利于实现目标遮挡和复杂背景等条件下的准确目标跟踪。

参 考 文 献

[1] 齐玉娟. 基于人类记忆机制的鲁棒运动目标提取和跟踪方法研究 [D]. 青岛：中国石油大学（华东），2012.

[2] Nolte J. Essentials of the human brain e – book：With student consult online access [M]. Elsevier Health Sciences，2009.

[3] 王延江，齐玉娟. 视觉注意和人脑记忆机制启发下的感兴趣目标提取与跟踪 [M]. 北京：科学出版社，2016.

[4] Waugh N C，Norman D A. Primary memory. [J]. Psychological Review，1965，72（2）：89.

[5] Atkinson R C，Shiffrin R M. Human memory：A proposed system and its control processes——Psychology of learning and motivation [M]. Amsterdam，Netherland：Elsevier，1968：89 – 195.

[6] Shiffrin R M，Atkinson R C. Storage and retrieval processes in long – term memory [J]. Psychological Review，1969，76（2）：179.

[7] Craik F I，Lockhart R S. Levels of processing：A framework for memory research [J]. Journal of Verbal Learning and Verbal Behavior，1972，11（6）：671 – 684.

[8] Baddeley A D，Hitch G. Working memory [M] // Psychology of learning and motivation. Amsterdam，Netherland：Elsevier，1974：47 – 89.

[9] Conway M A. Cognitive models of memory [M]. Massachusetts，USA：MIT Press，1997.

[10] Wang Y，Chiew V. On the cognitive process of human problem solving [J]. Cognitive Systems Research，2010，11（1）：81 – 92.

[11] Huang S，Sadek A W. A novel forecasting approach inspired by human memory：The example of short – term traffic volume forecasting [J]. Transportation Research Part C：Emerging Technologies，2009，17（5）：510 – 525.

[12] Montemayor A S，Pantrigo J J E，Hern A Ndez J. A memory – based particle filter for visual tracking through occlusions [C] // Berlin，Heidelberg，2009. Springer.

[13] Mikami D，Otsuka K，Yamato J. Memory – based Particle Filter for face pose tracking

robust under complex dynamics [C]// Washington, DC, USA, 2009.

[14] Williams J M G, Watts F N, MacLeod C, et al. Cognitive psychology and emotional disorders [M]. John Wiley & Sons, 1988.

[15] Wu Y, Lim J, Yang M. Online object tracking: A benchmark [C]// Washington, DC, USA, 2013. IEEE.

[16] Zhang K, Zhang L, Yang M, et al. Fast tracking via spatio-temporal context learning [J]. Computer Science, 2013.

[17] Zhang K, Zhang L, Yang M. Fast compressive tracking [J]. IEEE Transactions on Pattern Analysis and Machine Intelligence, 2014, 36 (10): 2002-2015.

[18] Henriques J F, Caseiro R, Martins P, et al. High-Speed Tracking with Kernelized Correlation Filters [J]. IEEE Transactions on Pattern Analysis & Machine Intelligence, 2015, 37 (3): 583-596.

[19] Wu Y, Lim J, Yang M. Online object tracking: A benchmark [C]// Washington, DC, USA, 2013. IEEE.

[20] Hong S, You T, Kwak S, et al. Online Tracking by Learning Discriminative Saliency Map with Convolutional Neural Network [J]. Computer Science, 2015: 597-606.

[21] Zhang J, Ma S, Sclaroff S. robust tracking via multiple experts using entropy minimization [C]// Berlin, Heidelberg, 2014. Springer.

[22] Danelljan M, Häger G, Khan F S, et al. Accurate Scale Estimation for Robust Visual Tracking [C]// Berlin, Heidelberg, 2014. Springer.

[23] Hare S, Golodetz S, Saffari A, et al. Struck: Structured output tracking with kernels [J]. IEEE Transactions on Pattern Analysis and Machine Intelligence, 2015, 38 (10): 2096-2109.

[24] Wei Z. Robust object tracking via sparsity-based collaborative model [C]// Washington, DC, USA, 2012. IEEE.

[25] Kalal Z, Matas J, Mikolajczyk K. Pn learning: Bootstrapping binary classifiers by structural constraints [C]// Washington, DC, USA, 2010. IEEE.

[26] Kwon J, Lee K M. Visual tracking decomposition [C]// Washington, DC, USA, 2010. IEEE.

[27] Kwon J, Lee K M. Tracking by sampling and integrating multiple trackers [J]. IEEE Transactions on Pattern Analysis and Machine Intelligence, 2013, 36 (7): 1428-1441.

[28] Danelljan M, Hager G, Shahbaz Khan F, et al. Convolutional features for correlation filter based visual tracking, Washington, DC, USA, 2015 [C]. IEEE.

[29] Jia X, Lu H, Yang M. Visual tracking via adaptive structural local sparse appearance model [C]// Washington, DC, USA, 2012. IEEE.

[30] Liu B, Huang J, Yang L, et al. Robust tracking using local sparse appearance model and k-selection [C]// Washington, DC, USA, 2011. IEEE.

[31] Dong W, Lu H. Visual Tracking via Probability Continuous Outlier Model [C]// Washington, DC, USA, 2014. IEEE.

第7章
基于卷积神经网络与人脑记忆模型的目标跟踪算法

7.1 引言

运动目标跟踪技术是计算机视觉的重要研究方向，在自动驾驶、智能监控和人机交互等领域有着广泛的应用。目前，目标跟踪算法可分为两大类：模板生成式方法和检测 – 跟踪式方法。其中，模板生成式方法在提取目标特征后建立模板，通过计算候选区域与模板的模板相似度，确定每帧图像内目标出现概率最大的区域，其典型算法包括粒子滤波算法、Mean – shift 算法等；检测 – 跟踪式方法以跟踪目标作为正样本，以背景作为负样本，训练出一个分类器，在每帧图像中对目标进行检测定位，其典型算法包括 TLD 算法、KCF 算法和高效卷积算子（Efficient Convolution Operators，ECO）算法等。其中，KCF 算法是一种兼具高速率和鲁棒性的检测 – 跟踪式方法，许多先进跟踪算法均将相关滤波器作为框架。另外，CNN 是一种以卷积计算为核心的神经网络，能够充分学习到图像的表层纹理特征和深层语义特征，比全连接神经网络、循环神经网络等更适合进行图像处理。随着深度学习技术的不断突破与计算机硬件技术的不断发展，卷积神经网络已经在目标识别与检测等领域取得了重要进展，同时，其目标跟踪性能也得到了不断提高。

近年来，随着 CNN 技术研究的不断深入，研究者致力于以更快的速度提取出更为鲁棒、全面的特征。将目标跟踪算法与 CNN 相结合，可有效提高算法对运动目标的跟踪能力，进而实现目标遮挡、尺寸变化、姿态/形状变化和环境光照变化等复杂条件下的精确目标跟踪。

7.1.1 相关滤波算法

在信号处理领域，相关性可用于衡量两个信号的相似程度。设有两个离散信号 f 和 g，其相关值计算公式为

$$(f \otimes g)(n) = \sum_{-\infty}^{\infty} f^*[m] g(m+n) \tag{7.1}$$

运动目标跟踪的目的，是在序列图像中找到与目标最为相似的区域。因此，可以将目标视为样本，通过训练得到一个滤波器，使其与目标进行相关运算后，在目标中心处得到最大的响应值，从而对目标进行定位。

1. MOSSE 算法

Bolme 等在 MOSSE 算法中最先提出了利用滤波器与图像特征的相关运算结果进行定位的思想。由于空间域上的卷积运算的计算开销较大，需要通过快速傅里叶变换（Fast Fourier Transform，FFT）将其转化成傅里叶域上的点乘运算：

$$G = F \cdot H^* \tag{7.2}$$

训练过程也因此转换为一个最小二乘回归问题。设在目标位置周围进行采样得到 m 个样本，并用这些样本训练滤波器 H，训练过程通过以下最小化公式实现：

$$\min_{H^*} = \sum_{i=1}^{m} |H^* F_i - G_i|^2 \tag{7.3}$$

当式（7.3）的导数等于零时，取得最小值：

$$0 = \frac{\partial}{\partial H_{wv}^*} \sum_i |F_{iwv} H_{wv}^* - G_{iwv}|^2 \tag{7.4}$$

式（7.3）经整理，可得

$$H = \frac{\sum_i F_i \cdot G_i^*}{\sum_i F_i \cdot F_i^*} \tag{7.5}$$

在检测时，用此滤波器与检测样本 z 的 FFT 形式进行点乘，从而得到此时频域上的响应：

$$f(Z) = H \cdot Z = \frac{\sum_i F_i \cdot G_i^* \cdot Z_i}{\sum_i F_i \cdot F_i^*} \tag{7.6}$$

在 MOSSE 跟踪器进行跟踪时，f 和 z 是从输入图像中提取的特征，f 作为训练滤波器时的样本，z 作为跟踪时的检测对象，F 和 Z 分别为其 FFT 对；g 是训练滤波器时的目标函数（高斯函数），其形状是一个单峰；h 为所要训练的滤波器。如图 7.1 所示，MOSSE 跟踪算法的基本原理可描述为：先训练出一个滤波器 h，使它与特征图 f 作相关运算后，可产生与高斯函数 g 形状相似的响应图，并将响应图上峰值的坐标视为目标中心位置，从而实现目标定位。

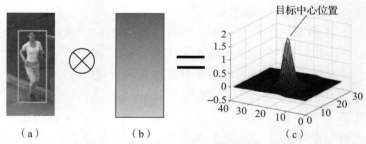

图 7.1　相关滤波跟踪算法定位过程示意图

（a）目标；（b）滤波器；（c）响应图

2. KCF 跟踪算法

作为一种典型的相关滤波算法，KCF 跟踪算法在 MOSSE 跟踪算法的基础上，引入了核函数，以提高滤波器的非线性映射能力；同时，利用循环矩阵及其傅里叶变换的相关性质进行提速。其良好的运行速率和鲁棒性引起了学界的广泛关注，成为目标跟踪领域的代表性算法。

与 MOSSE 跟踪算法不同，KCF 跟踪算法的训练样本集是以当前帧中的目标为中心，通过构造循环矩阵得到的，即

$$X = C(x) \tag{7.7}$$

式中，$\boldsymbol{x}$ 为生成向量。

循环矩阵具有以下性质。

（1）可通过傅里叶矩阵实现循环矩阵的对角化：

$$\boldsymbol{X} = \boldsymbol{F} \cdot \mathrm{diag}(\hat{x}) \cdot \boldsymbol{F}^{\mathrm{H}} \tag{7.8}$$

式中，$\hat{x}$ 为生成向量 $\boldsymbol{x}$ 的傅里叶变换。

（2）循环矩阵的和仍为循环矩阵，生成向量为原生成向量的和：

$$\boldsymbol{A} + \boldsymbol{B} = \boldsymbol{F} \cdot \mathrm{diag}(\hat{a}) \cdot \boldsymbol{F}^{\mathrm{H}} + \boldsymbol{F} \cdot \mathrm{diag}(\hat{b}) \cdot \boldsymbol{F}^{\mathrm{H}} = \boldsymbol{F} \cdot \mathrm{diag}(\hat{a} + \hat{b}) \cdot \boldsymbol{F}^{\mathrm{H}} = \boldsymbol{C}(f^{-1}(\hat{a} + \hat{b})) \tag{7.9}$$

（3）循环矩阵的乘积仍为循环矩阵，生成向量为原生成向量的点乘：

$$\boldsymbol{A} \cdot \boldsymbol{B} = \boldsymbol{F} \cdot \mathrm{diag}(\hat{a} \odot \hat{b}) \cdot \boldsymbol{F}^{\mathrm{H}} = \boldsymbol{C}(f^{-1}(\hat{a} \odot \hat{b})) \tag{7.10}$$

（4）对循环矩阵求逆，等于对其生成向量求逆，其逆矩阵仍为循环矩阵：

$$\boldsymbol{X}^{-1} = \boldsymbol{F} \cdot \mathrm{diag}(\hat{x})^{-1} \cdot \boldsymbol{F}^{\mathrm{H}} = \boldsymbol{C}(f^{-1}(\mathrm{diag}(\hat{x}^{-1}))) \tag{7.11}$$

（5）循环矩阵的转置仍为循环矩阵：

$$\boldsymbol{X}^{\mathrm{H}} = \boldsymbol{F} \cdot \mathrm{diag}(\hat{x}^{*}) \cdot \boldsymbol{F}^{\mathrm{H}} \tag{7.12}$$

（6）循环矩阵与向量相乘，等价于生成向量与该向量卷积，在频域上相当于两个向量的傅里叶变换点乘：

$$f(\boldsymbol{xy}) = f(C(\boldsymbol{x})y) = f^{*}(\boldsymbol{x}) \odot f(\boldsymbol{y}) = \hat{x}^{*} \odot \hat{y} \tag{7.13}$$

基于循环矩阵的上述性质，对分类器 $f(x) = \sum_i \boldsymbol{w}^{\mathrm{T}} x_i$ 进行训练，通过最小化以下函数求得最优解 $\boldsymbol{w}$：

$$\min_{w} \sum_i (f(x_i) - y_i)^2 + \lambda \| \boldsymbol{w} \|^2 \tag{7.14}$$

式中，λ 为正则化参数，可使训练问题从最小二乘回归形式转化为岭回归形式，从而有效减少过拟合现象。

该优化问题的解为

$$\boldsymbol{w} = (\boldsymbol{X}^{\mathrm{T}} \boldsymbol{X} + \lambda \boldsymbol{I})^{-1} \boldsymbol{X}^{\mathrm{T}} \boldsymbol{y} \tag{7.15}$$

为了提高分类器 $f(x)$ 的非线性映射能力，引入核函数，即

$$\boldsymbol{w} = \sum_i a_i \psi(x_i) \tag{7.16}$$

则新的分类器表达式为

$$f(z) = \boldsymbol{w}^{\mathrm{T}} \psi(z) = \sum_i \alpha_i \psi(x_i) \psi(z) \tag{7.17}$$

令 $\kappa(x_i, x_j) = \psi(x_i) \psi(x_j)$ 为核函数，使求解 $\boldsymbol{w}$ 的问题转换为求解 $\boldsymbol{\alpha}$ 的问题，式（7.15）的解从而可以转化为

$$\boldsymbol{\alpha} = (\boldsymbol{K} + \lambda \boldsymbol{I})^{-1} \boldsymbol{y} \tag{7.18}$$

式中，$\boldsymbol{K}$ 为核相关矩阵。

根据循环矩阵的系列性质，对 $\boldsymbol{\alpha}$ 进行求解：

$$\begin{aligned}
\boldsymbol{\alpha} &= (\boldsymbol{K} + \lambda \boldsymbol{I})^{-1} \boldsymbol{y} \\
&= (\boldsymbol{F} \cdot \mathrm{diag}(\hat{k}^{xx}) \cdot \boldsymbol{F}^{\mathrm{H}} + \lambda \cdot \boldsymbol{F} \cdot \mathrm{diag}(\delta) \cdot \boldsymbol{F}^{\mathrm{H}})^{-1} \boldsymbol{y} \\
&= \boldsymbol{F} \cdot \mathrm{diag}\left(\frac{1}{\hat{k}^{xx} + \lambda \delta} \right) \cdot \boldsymbol{F}^{\mathrm{H}} \cdot \boldsymbol{y}
\end{aligned} \tag{7.19}$$

进行傅里叶变换，得到训练的最终结果：

$$\hat{\alpha} = \left(\frac{1}{\hat{k}^{xx} + \lambda\delta}\right)^* \odot \hat{y} = \frac{\hat{y}}{\hat{k}^{xx} + \lambda\delta} \tag{7.20}$$

为了提高分类器的泛化能力和鲁棒性，新一帧的分类器参数 α_t 训练完后，不直接取代上一帧的分类器 α_{t-1}，而是利用下式与之进行指数平均更新：

$$\alpha_t = (1-\lambda)\alpha_{t-1} + \lambda \cdot \alpha_t \tag{7.21}$$

在检测时，用训练得到的分类器与候选区域的特征进行相关运算，即在频域上相乘，得到响应图的傅里叶变换形式：

$$f(f(z)) = (\hat{k}^{xz})^* \odot \hat{\alpha} = \frac{\hat{k}^{xz} \odot \hat{y}}{\hat{k}^{xx} + \lambda\delta} \tag{7.22}$$

综上所述，KCF 算法跟踪的过程可描述如下。

（1）在第 t 帧时，以当前目标位置为中心，通过构造循环矩阵得到样本，再根据式（7.20）和式（7.21）进行分类器的训练与融合更新；

（2）读入第 $t+1$ 帧图像后，以上一帧的定位结果确定搜索区域，根据式（7.22）进行检测，将结果进行 IFFT 得到此时的响应图，从而定位目标；

（3）目标定位后，重新提取特征，对分类器进行训练与更新。

因此，初始化跟踪器之后，不断重复该检测–训练–更新过程，即可实现序列图像和视频中的目标跟踪。

3. 存在的问题

常规相关滤波算法仅仅依靠响应图进行定位，同时，总是以固定的学习率与时间间隔对分类器进行更新，因此，存在以下问题。

（1）缺乏跟踪置信度水平评估的环节。当目标受到遮挡时，算法会将目标定位到错误的位置，分类器也随之学习到错误的背景信息，从而导致目标丢失。即使目标在遮挡结束后再次出现，算法也难以寻回。

（2）固定学习率和时间间隔的更新使算法难以适应目标变化。在实际目标跟踪过程中，目标外观的变化是不确定的，而算法的更新参数却是固定的，从而导致目标外观剧烈变化时，分类器对新外观的学习能力不足，判别能力下降。同时，目标在短期内变化较小时，持续不断的更新又会导致过拟合、低效率等问题。

7.1.2　基于卷积神经网络的目标跟踪算法

1. 卷积神经网络

CNN 主要由卷积层、池化层和全连接层组成，有时还会包含多种非线性操作。图 7.2 所示为 LeCun Yann 提出的 LeNet–5 网络，该网络共包括两个卷积层、两个池化层和三个全连接层，其对手写数字识别的准确率超过了 99%。

卷积层是 CNN 的核心。卷积是指用卷积核依次与图像矩阵中所有的像素点及其周边区域进行内积的操作。在进行反向传播时，所训练的参数为卷积核的值。池化层对图像进行降采样操作，一方面降低数据量；另一方面提高网络对目标的平移和旋转不变性。因此，与常规的全连接网络相比，CNN 具有更高的训练速度。

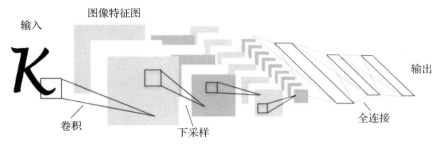

图 7.2　LeNet - 5 网络结构图

在 2012 年的 ILSVRC 图像识别竞赛上，AlexNet 以远超过第二名的性能获得了冠军，奠定了 DNN 在计算机视觉任务中的地位。AlexNet 的结构如图 7.3 所示。它利用数据扩增和 Dropout 正则化方法抑制过拟合现象，使用 ReLU 激活函数以消除梯度消失现象，并且在多个 GPU 上进行分布式训练以提高收敛速率。

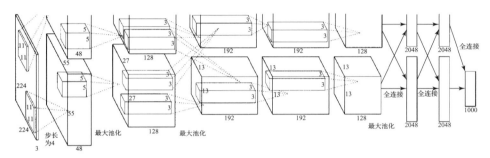

图 7.3　AlexNet 网络结构图

2014 年，VGGNet 将 CNN 的深度进一步扩充为 19 层，同时，研究者们发现，当层数继续增加时，传统的 CNN 模型的性能并不会继续提升，甚至会下降。因此，Christian 等用残差网络结构对其进行了改进，ResNet 甚至可以将 CNN 的深度扩展到千层以上。

目前，在 ImageNet 数据集上，DNN 模型的 Top - 5 错误率指标已经降低到 3% 左右，在视觉目标识别任务中的表现超越了人类水平，而在目标检测任务中，CNN 同样占据了重要地位。

2. 基于 CNN 的运动目标跟踪

鉴于 CNN 在目标识别、目标检测等计算机视觉任务中的突出表现，研究者们尝试将其引入到目标跟踪任务中，以提高目标跟踪算法的鲁棒性和精度。目前，基于 CNN 的运动目标跟踪算法主要可分为两类：①将预先训练好的 DNN 作为相关滤波类算法的特征提取器，提取比手工特征更为鲁棒的 DNN 的特征，供分类器学习；②不仅利用深度特征，还将整个跟踪器设计成 End - to - End 的神经网络，既可以采用离线训练方式，也可把跟踪视为一个对网络进行在线训练的学习过程。

近年来，基于卷积特征的相关滤波算法得到了广泛研究。Ma 等提出的 HCF 算法在 KCF 算法的基础上，将后者使用的 HOG 特征替换为分层的深度卷积特征，利用 CNN 高层语义信息丰富、低层细节信息丰富的特点，先利用高层特征进行粗定位，再向下逐层精确定位，从而提高了定位精度；针对 KCF 算法无法改变尺寸的缺点，Li 等提出了尺寸自适应的 SAMF

算法。建立尺度池金字塔，每一个尺度分别学习一个分类器对目标进行定位，然后选择最合适的尺度；Danelljan 等先后提出了 SRDCF、C – COT、ECO 等先进的算法。其中，SRDCF 算法通过对滤波器施加空域正则化约束，抑制了相关滤波算法中存在的边界效应问题；C – COT 算法利用连续卷积算子，通过学习得到多分辨率特征图；ECO 算法从卷积算子、样本集建立和更新策略三个方面对 C – COT 算法进行了改进，精度从 78.9% 提高到 91.0%，速度从低于 1 fps 提升到 6 fps；Bai 等提出的 MFT 算法在相关滤波的框架中加入了基于卡尔曼滤波的运动估计，可得到更为鲁棒的定位结果。同时，提取 ResNet 中的三层输出作为特征，进行自适应融合。

7.1.3 基于卷积神经网络与人脑记忆模型的目标跟踪算法

为了解决相关滤波类跟踪算法易受遮挡干扰而丢失目标、模型易受污染和更新速度难以适应目标变化等问题，本章提出一种基于记忆机制与响应图分析网络的深度卷积相关滤波目标跟踪算法（Response Analysis Network Correlation Filter，RANCF）。该方法在 KCF 算法框架下，将 HOG 特征替换为多层加权融合的深度卷积特征；利用人脑记忆模型，用单个主分类器和若干个并列的副分类器构成记忆空间；采用响应图分析网络（Response Analysis Network，RAN）对各分类器产生的响应图进行分析，判断目标状态的变化情况，据此选用相应的分类器进行定位与模型更新；最终达到降低目标姿态、形状变化及遮挡等因素的干扰，提高算法的跟踪精度和鲁棒性的目的。

7.2 基于响应图分析网络的跟踪置信水平评价

7.2.1 研究思路

1. 基于响应图分析的跟踪置信度估计

理想情况下，将相关滤波跟踪算法训练出的分类器与特征图做相关运算之后，会得到形状为二维高斯函数的响应图，如图 7.4 所示。其中，高斯函数的峰值位于目标中心处，即相关峰。

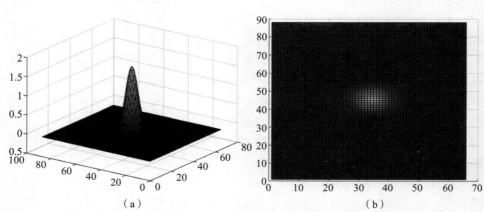

（a）　　　　　　　　　（b）

图 7.4　理想情况下分类器得到的响应图

（a）三维视图；（b）俯视图

在目标跟踪等应用中，当分类器与目标匹配时，响应图形状近似于高斯函数，如图 7.5 所示。当目标被遮挡或发生光照条件、姿态、形状等较大变化时，分类器与目标的匹配程度下降，导致响应图形状不规则，如图 7.6 所示。因此，可以根据分类器的响应图形状，对分类器于当前目标的匹配程度进行评价，从而判断目标状态的变化情况。

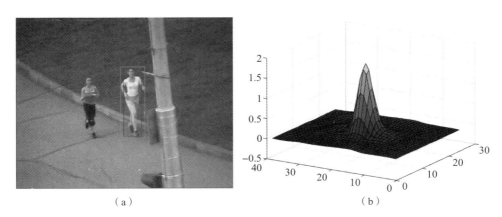

（a）　　　　　　　　　　　　　　　　　　（b）

图 7.5　分类器与目标匹配时的跟踪结果和响应图

（a）跟踪结果；（b）响应图

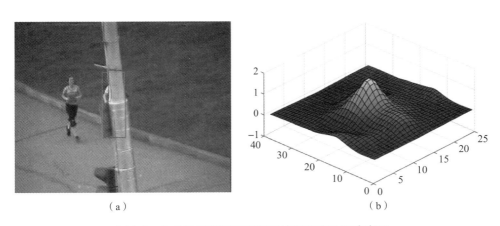

（a）　　　　　　　　　　　　　　　　　　（b）

图 7.6　分类器与目标不匹配时的跟踪结果和响应图

（a）跟踪结果；（b）响应图

2. 常规响应图分析方法

1）相关滤波跟踪算法中的响应图分析方法

部分研究者提出在相关滤波跟踪算法中加入响应图分析的环节，从而对跟踪置信水平进行估计。其中，MOSSE 算法采用峰值旁瓣比（Peak to Sidelobe Ratio，PSR）评价响应图，PSR 由峰值与响应图边缘的旁瓣的均值和方差计算：

$$\text{PSR} = \frac{g_{\max} - \mu_{s1}}{\sigma_{s1}} \qquad (7.23)$$

式中，$g_{\max}$ 为响应峰值，μ_{s1} 和 σ_{s1} 分别为旁瓣的均值和方差。

LMCF 算法采用多峰检测与高置信水平更新策略，利用平均峰值相关能量（Average

Peak to Correlation Energy，APCE）反映响应图的波动程度和检测目标的置信水平：

$$APCE = \frac{|F_{\max} - F_{\min}|^2}{\mathrm{mean}\sum\limits_{w,h}(F_{w,h} - F_{\max})^2} \tag{7.24}$$

式中，F 为响应图上各处的响应值；$F_{\max}$ 和 $F_{\min}$ 分别为最强和最弱值。

2）匹配滤波光学相关识别器中的响应图分析方法

除了相关滤波跟踪算法外，光学相关识别器也会产生响应图，并且已有多种响应图分析方法，值得研究与借鉴。匹配滤波光学相关识别器是一种得到广泛使用的高速光信息并行计算装置，其主要利用了透镜对光波的傅里叶变换性质。光学相关器本质上是一个 $4f$ 光学系统。相机采集目标图像后，先传输到计算机上进行预处理；处理过的图像再由空间光调制器（Spatial Light Modulator，SLM）转换为光信号，经过透镜完成傅里叶变换后，与另一个 SLM 输出的匹配滤波器光信号进行相关计算；相关信号首先经过一次逆傅里叶变换后得到响应图，并由另一相机采集，然后输至计算机进行处理与分析；最终实现目标识别。

在实际应用场景中，由于激光器功率的波动、光学系统本身的误差和器件自身的噪声等干扰因素的影响，输出的图像往往存在较大畸变。为了提高判别的准确率，降低误识率，研究者们提出通过对相关峰进行评价来对响应图进行分析。

目前，光学相关器的响应图主要有三种分析方法。

（1）相关峰强度（Peak to Correlation Intensity，PCI）。相关峰的最高强度值，直接反映了目标图像与匹配滤波器的相关程度。同时，由于 PCI 容易受到图像的灰度、照度以及尺度变化等影响，不能作为判别相关峰的唯一指标。

（2）峰值 – 相关能量比（Peak to Correlation Energy，PCE）。主要衡量相关峰在整个相关面上的能量比值，可在一定程度上反映目标与参考物的相似程度，PCE 越大，目标与滤波器的匹配程度越高，其计算公式为

$$PCE = \frac{I_{\mathrm{peak}}}{E_{\mathrm{c}}} \tag{7.25}$$

式中，I_{peak} 为峰值强度；E_{c} 为整个相关面能量。

（3）BP 神经网络法。除了上述直接利用响应图上相关峰能量值分析响应图的方法以外，还可首先提取感兴趣的峰值区域，然后利用 BP 神经网络对相关峰进行鉴别。

3. 基于 CNN 的相关峰评价

以上常规的响应图分析方法仅考虑到了响应峰值与其他响应值的相对数值关系，却忽略了同样重要的相关峰的位置信息与形状信息。神经网络具有较强的非线性映射能力与泛化能力。通用近似定理表明，当一个神经网络具有线性输出层和至少一层有 "挤压性质" 的激活函数的隐藏层时，只要当神经元个数足够多，就可以任意精度逼近从一个有限维空间到另一有限维空间的 Borel 可测函数。

虽然已有研究者使用 BP 神经网络对光学相关器中的相关峰进行鉴别，但是 CNN 具有比 BP 神经网络更先进的结构。在同样的层数下，前者需要训练的参数远小于后者，收敛速度更快，可以学习到更多、更深层、更有效的特征。因此，利用 CNN 可以更有效地对响应图进行分析。

7.2.2 响应图分析网络

1. 算法框架

以 KCF 算法为基本框架，选用线性核函数，将利用 ImageNet 数据集预训练的 VGG – 19 网络作为特征提取器，将 Conv3 – 4、Conv4 – 4、Conv5 – 4 层的输出进行加权融合，得到深度卷积特征，替换原有的 HOG 特征。为了在跟踪精度和计算量之间取得平衡，对特征图进行 4×4 降采样。

如图 7.7 所示，RAN 训练完毕后，将其融入分类器的检测与训练、更新步骤之间；分类器与图像候选区域进行相关运算得到响应图之后，利用 RAN 对响应图进行分析；最后，根据分析结果决定该分类器的训练与更新策略，从而将跟踪过程由“检测 – 训练 – 更新”转变为“检测 – 响应分析 – 训练 – 更新”。

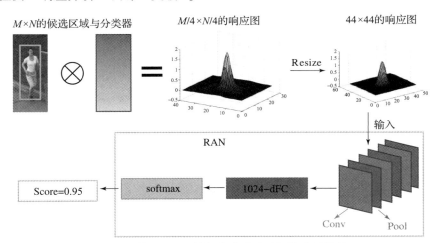

图 7.7 基于 RAN 的相关滤波跟踪置信水平估计

2. 训练数据集

利用 OTB – 2013 数据集对上述算法框架进行实验，并逐帧分析分类器的响应图，根据所获得的结果，将响应图的模式归纳为两种情况。

（1）目标出现剧烈变化，跟踪框开始漂移时，响应图形状不规则，此时，认为处于较差的响应模式（设置为 Bad 标签）。

（2）目标状态正常或缓慢变化时，跟踪结果准确，响应图形状接近高斯函数或有一定噪声，总体上较为规则，接近理想的二维高斯函数，此时，认为处于常规响应模式（设置为 Normal 标签）。

从整个 OTB – 2013 数据集的响应图中，挑选出有代表性的 447 幅。在大部分场景下，具有 Normal 标签的响应图远多于具有 Bad 标签的响应图，但是当训练集中两种样本比例过于不均衡时会导致评价指标失去客观性。因此，设置 Bad 和 Normal 两种标签的比例为 3.5∶6.5。由于数据集的数据量较小，并且数据分布比较均匀，相差不大，设置训练集与验证集占总数据集的比例分别为 0.8 和 0.2，无须进行零中心化，直接对原始图像进行训练和识别即可。

3. RAN 的结构设计与训练

RAN 的总体结构与数据的尺寸变化情况如下。

1）输入响应图尺寸

响应图大小由目标尺寸直接决定，最小的为 15×12，最大的为 100×60，大多数响应图的尺寸集中在 $30 \times 30 \sim 50 \times 50$。考虑卷积和池化将造成尺寸下降，将所有响应图的尺寸统一调整为 44×44。

2）卷积层

网络的通道数越深，层数越多，感受野越大，拟合能力就越强。使用 ReLU 激活函数，选取卷积层数量为 3，其超参数设置如表 7.1 所示。

表 7.1　超参数设置

Conv	填充	步长	卷积核尺寸
Conv 1	无	1	$5 \times 5 \times 64$
Conv 2	1	1	$3 \times 3 \times 64$
Conv 3	1	1	$3 \times 3 \times 64$

3）池化层

采用常规的池化策略，即无填充、步长为 2 的 2×2 最大池化层。每经过一次池化，特征输入的边长缩小至原来的 $1/2$。池化层数量与卷积层数量一致，均为 3。

4）全连接层

采用两层全连接层，第一层接收来自 pool3 层的输入，输出节点数为 1024，激活函数为 ReLU；第二层为最终输出层，节点数与类别数相等，均为 2；采用 softmax 激活函数输出预测结果。由于网络结构相对简单，并且数据维度和数量均不大，因此未加入 Dropout 层和 L2 正则化等正则化手段。

5）训练设置

利用网络预测值与真实标签之间的交叉熵计算损失函数，同时利用 Mini-batch 梯度下降法和学习率衰减策略的 Adam 优化器进行优化。因为响应图的尺寸较小，设置 Batch 的大小为 256，用 7.2.1 节的数据集训练 40 轮后，误差值接近收敛，在整个测试集上的错误率为 86.7%。

图 7.8 描述了如何利用 RAN 进行跟踪置信水平评价。搜索区域图像 X 首先经过特征提取后，与分类器 W 在频域上相乘；然后将计算结果经傅里叶变换回时域得到响应图 f，最后将 f 输入到 RAN 网络（用 φ 表示）中，输出当前帧分类器的置信分数 $\varphi(f)$。图 7.9 所示为 OTB-2015 数据集中 Girl2 序列第 104 ~ 第 111 帧之间目标外观、响应图形状与置信分数之间的变化关系。其中，红色框代表目标的真实位置，绿色框代表算法估计的位置。由图可以

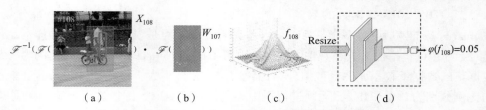

图 7.8　基于 RAN 的响应图分析过程（书后附彩插）

（a）搜索区域图像；（b）分类器；（c）响应图；（d）RAN

看出，当目标受到严重遮挡后，响应图从近似理想的形状迅速变得不规则，置信分数也随之急剧下降。上述结果一定程度上验证了所提出的响应图分析网络的有效性。

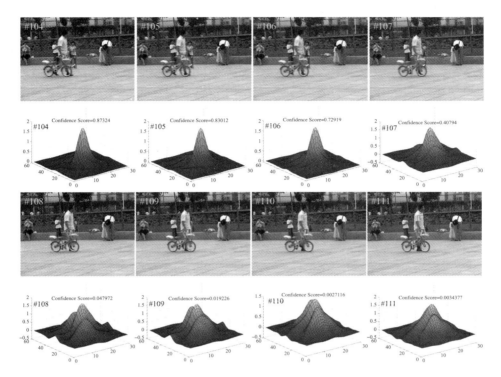

图 7.9　Girl2 序列中第 104 ~ 第 111 帧的跟踪结果、响应图及置信分数

7.3　基于记忆模型与 RAN 的 KCF 跟踪算法设计与实现

根据 KCF 跟踪算法框架的 OTB – 2013 数据集实验结果，对影响跟踪精度的主要因素进行了分析，提出了相应的改进思路，如表 7.2 所示。

表 7.2　影响跟踪精度的主要因素及改进思路

序号	影响因素	改进思路
1	特征不够鲁棒，当目标与背景的对比度较低或存在相似物干扰时，极易丢失目标	使用更为鲁棒的特征、复合特征
2	目标发生快速运动时，定位精度下降，图像模糊时该效应更严重	增大搜索范围
3	目标出现较大尺寸变化时跟踪精度下降，当目标过小时甚至会丢失目标	加入尺度自适应模块
4	目标发生遮挡、姿态、形状、颜色等变化时，分类器与目标模型的匹配程度下降	对目标状态进行判定，改变模型与分类器的更新机制

针对表 7.2 中序号 1～3 影响因素，算法框架已将基本 KCF 算法中的方向梯度直方图特征替换为更为鲁棒的分层卷积特征，设置了合适的搜索范围，并且加入了 EdgeBox 尺度自适应模块。针对序号 4 中的目标遮挡、形态变化等情况，受人脑视觉系统（HVS）记忆机制的启发，本章提出了一种多分类器的相关滤波运动目标跟踪算法。

算法的跟踪器包括一个主分类器和若干个并列的副分类器，如图 7.10 所示。在大部分情况下，基于深度卷积特征的相关滤波算法保持正常跟踪，无须干预；当出现较大干扰而导致目标跟踪精度下降时，则选择置信分数最高的分类器的定位结果，并对各分类器进行调整。

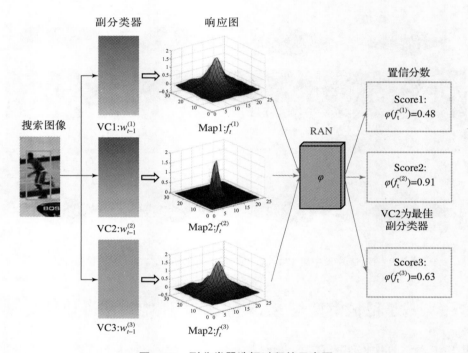

图 7.10　副分类器选择过程的示意图

将第一帧得到的分类器作为主分类器，用 RAN 对其产生的响应图进行处理，判断是否出现较大干扰而使跟踪精度下降。利用响应图输入 RAN 得到分值，当分值大于 0.5 时，认为此响应图处于 Normal 模式，小于 0.5 时则认为处于 Bad 模式，之后，按以下步骤进行处理。

（1）当主分类器的响应图被 RAN 判定为 Normal 模式时，认为目标未发生较大变化，主分类器可以正确进行定位，正常更新目标模型与分类器。

（2）当主分类器的响应图被 RAN 判定为 Bad 模式时，认为目标发生了较大变化，主分类器无法得到精确的定位，从副分类器中寻找最佳分类器。

（3）所有副分类器都进行相关滤波运算，得到响应图，并输入 RAN 网络计算器。

（4）当副分类器的响应模式为 Normal 模式时，将置信分数最高的副分类器作为当前分类器，利用其进行定位并更新。

（5）当副分类器的响应模式均为 Bad 模式时，取主、副分类器中置信分数最高的分类器进行定位，并以此为基础建立新的副分类器。

（6）如果此时分类器数量超过上限，用新分类器替代置信分数最低的副分类器；如果未超过上限，直接将新分类器加入副分类器队列。

基于记忆模型与 RAN 的深度卷积特征相关滤波运动目标跟踪算法的总体流程，如图 7.11 所示。

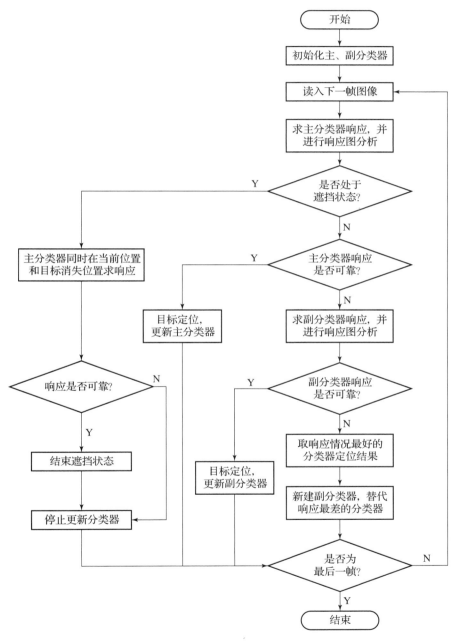

图 7.11　算法的整体流程图

7.4 实验及结果分析

7.4.1 实验条件

在 Intel（R）Core（TM）i7‑7820X CPU 3.40 GHz，RAM 32.00 GB，TITAN XP GPU 的计算机上，使用 MATLAB 2018b 平台，对"Visual Tracker Benchmark OTB‑2015"数据集中的视频序列完成仿真实验。

7.4.2 实验结果及分析

采用跟踪精度、覆盖率和跟踪速度三种评价指标对所提出的算法的性能进行评价。其中，跟踪精度指的是序列中估计位置与目标实际中心位置的距离在 20 像素以内的帧数占总帧数的百分比；覆盖率指的是整个序列中，估计的目标框与实际标注的目标框的重合面积占二者总面积的平均比例；跟踪速度指的是每秒目标跟踪算法处理的帧数，单位为 fps。

选择九个先进的相关滤波跟踪算法作为对比算法。对比算法可分为两类：①利用深度卷积特征的算法，如 MCPF、HCFTs、DeepLMCF、DeepSRDCF、HCFT 和基本 CF 算法；②利用手工特征的算法，如 BACF、LMCF 和 KCF。这里将所提出的基于记忆机制与响应图分析网络的深度卷积特征相关滤波跟踪算法命名为 RANCF。

图 7.12 所示为 OTB‑2015 数据集上算法整体评价指标的对比。由图可以看出，所提出的 RANCF 算法得到了 88.1% 的跟踪精度，优于九种对比算法。上述结果表明，利用人脑记忆模型的相关滤波算法对目标外观变化的适应能力得到了提高，鲁棒性得到了增强。同时，其速度高于利用深度卷积特征的相关滤波算法；在覆盖率方面，所提出的算法与

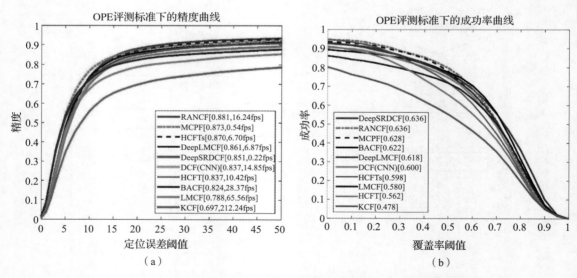

图 7.12 OTB‑2015 数据集上算法的整体评价指标对比（书后附彩插）

（a）算法精度曲线并标注各自速度；（b）算法覆盖率曲线

DeepSRDCF 算法持平，优于其他八种对比算法。为了保证处理速度，所提出的 RANCP 算法采用了较为简单的尺度估计模块，而 DeepSRDCF 算法采用了尺度池金字塔模型，对尺寸的估计更为准确。在速度方面，虽然所提出的跟踪算法的速度慢于利用手工特征的算法，但是比起其他基于深度特征的算法有明显优势。如图 7.13 所示，在 OTB – 2013 数据集上，所提出的 RNACF 算法在精度、覆盖率与速度三方面仍然优于其他对比算法。

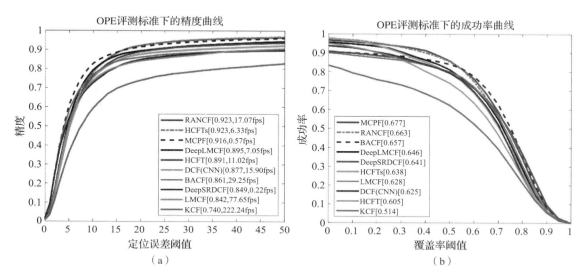

图 7.13　OTB – 2013 数据集上算法的整体评价指标对比（书后附彩插）

（a）算法精度曲线并标注各自速度；（b）算法覆盖率曲线

　　图 7.14 给出了算法在 OTB – 2015 数据集中四个比较典型的具有较高挑战性的序列上的跟踪结果，并从以上九个对比算法中挑选了前四名以及基本的 KCF 算法作为对比算法。在 Skating2 – 2 序列中，目标（男性滑冰运动员）在运动过程中姿态与形状都不断发生剧烈的变化，并且还会受到相似目标的干扰与遮挡。同时，在 Skating2 – 2 序列中，HCFT、DeepLMCF 和 KCF 算法均跟错了目标；MCPF 算法由于将粒子滤波与相关滤波相结合以增大估计面积，把两个人均当作了目标进行跟踪；DeepSRDCF 则在目标旋转时几乎完全跟踪失败。在 Bird1 序列中，目标（飞鸟）的形状在飞行过程中不断变化，并且有约 70 帧完全消失在云层之中，绝大多数对比算法的滤波器都被云层背景所污染，在目标重新出现后无法找回目标，仅有所提出的算法保持了对目标外观的记忆。在 Girl2 序列中，目标（小女孩）的外观相对比较稳定，但是在 118 帧前、后被相似的物体完全遮挡。所提出的 RANCF 算法的主分类器在目标遮挡结束后寻回了目标，MCPF 算法凭借较大的搜索区域也寻回了目标，而其他算法均被遮挡物体所干扰。在 Lemmin 序列中，目标同样在遮挡物体后消失了一段时间，并且之后不断发生着外观变化。以上结果表明，所提出的 RANCF 算法实现了优于其他算法的位置与尺寸估计。

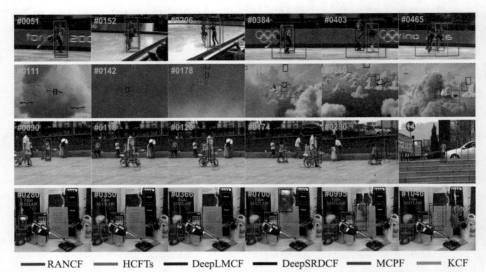

—— RANCF —— HCFTs —— DeepLMCF —— DeepSRDCF —— MCPF —— KCF

图 7. 14　算法对 **Skating2 − 2**、**Bird1**、**Girl2** 和 **Lemming** 序列的跟踪结果（书后附彩插）

小　　结

相关滤波类方法兼具精确性和高速率，成为近年来主流的目标跟踪算法。常规相关滤波跟踪算法以预先学习到的分类器产生的响应图作为目标定位的唯一依据，并按照固定的速率和间隔更新模型，难以解决剧烈的目标外观变化、遮挡导致的模型污染等问题。然而，卷积神经网络在目标识别与检测领域获得成功后，被引入到目标跟踪任务，提高了算法的鲁棒性与精度。

基于上述分析，本章提出了一种基于 RAN 的多个分类器的相关滤波跟踪算法。首先，建立了基准的相关滤波跟踪器，并通过分析其在 OTB − 2013 数据集上的实验结果，设计并训练了小规模的卷积神经网络，用于对分类器产生的响应图进行分析，得到其置信分数；然后，设计了由单个主分类器和多个并列的副分类器组成、基于记忆模型的相关滤波跟踪器；选择置信分数最大的分类器的跟踪结果，并根据置信分数的变化情况，判断目标是否发生遮挡或较大的姿态、形状变化。同时，使模型更新的速率随置信分数和时间变化，提高了跟踪器对目标外观变化的适应能力。基于 OTB − 2015 数据集的实验结果表明，所提出的方法在精度、覆盖率和速度等方面较对比算法具有优势。

参 考 文 献

［1］Yilmaz A, Javed O, Shah M. Object tracking: A survey［J］. Acm. Computing Surveys（CSUR）, 2006, 38（4）: 13.

［2］Smeulders A W M, Chu D M, Cucchiara R, et al. Visual tracking: An experimental survey［J］. IEEE Transactions on Pattern analysis and Machine Intelligence, 2013, 36（7）: 1442 − 1468.

［3］ Wang M, Liu Y, Huang Z. Large margin object tracking with circulant feature maps ［C］// Proceedings of the IEEE Conference on Computer Vision and Pattern Recognition. 2017: 4021 – 4029.

［4］ Nummiaro K, Koller – Meier E, Van Gool L. An adaptive color – based particle filter ［J］. Image and Vision Computing, 2003, 21 (1): 99 – 110.

［5］ Comaniciu D, Ramesh V, Meer P. Real – time tracking of non – rigid objects using mean shift ［C］// Proceedings IEEE Conference on Computer Vision and Pattern Recognition. CVPR 2000 (Cat. No. PR00662). IEEE, 2000, 2: 142 – 149.

［6］ Kalal Z, Mikolajczyk K, Matas J. Tracking – learning – detection ［J］. IEEE Transactions on Pattern Analysis and Machine Intelligence, 2011, 34 (7): 1409 – 1422.

［7］ Henriques J F, Caseiro R, Martins P, et al. High – speed tracking with kernelized correlation filters ［J］. IEEE Transactions on Pattern Analysis and Machine Intelligence, 2014, 37 (3): 583 – 596.

［8］ Danelljan M, Bhat G, Shahbaz Khan F, et al. Eco: Efficient convolution operators for tracking ［C］// Proceedings of the IEEE Conference on Computer Vision and Pattern Recognition. 2017: 6638 – 6646.

［9］ Danelljan M, Robinson A, Khan F S, et al. Beyond correlation filters: Learning continuous convolution operators for visual tracking ［C］// European Conference on Computer Vision. Springer, Cham, 2016: 472 – 488.

［10］ He Z, Fan Y, Zhuang J, et al. Correlation filters with weighted convolution responses ［C］// Proceedings of the IEEE International Conference on Computer Vision. 2017: 1992 – 2000.

［11］ Zhang T, Xu C, Yang M H. Learning multi – task correlation particle filters for visual tracking ［J］. IEEE Transactions on Pattern Analysis and Machine Intelligence, 2018, 41 (2): 365 – 378.

［12］ Held D, Thrun S, Savarese S. Learning to track at 100 fps with deep regression networks ［C］// European Conference on Computer Vision. Springer, Cham, 2016: 749 – 765.

［13］ Valmadre J, Bertinetto L, Henriques J, et al. End – to – end representation learning for correlation filter based tracking ［C］// Proceedings of the IEEE Conference on Computer Vision and Pattern Recognition. 2017: 2805 – 2813.

［14］ Bertinetto L, Valmadre J, Henriques J F, et al. Fully – convolutional siamese networks for object tracking ［C］// European Conference on Computer Vision. Springer, Cham, 2016: 850 – 865.

［15］ Bolme D S, Beveridge J R, Draper B A, et al. Visual object tracking using adaptive correlation filters ［C］// 2010 IEEE Computer Society Conference on Computer Vision and Pattern Recognition. IEEE, 2010: 2544 – 2550.

［16］ LeCun Y, Bottou L, Bengio Y, et al. Gradient – based learning applied to document recognition ［J］. Proceedings of the IEEE, 1998, 86 (11): 2278 – 2324.

［17］ Krizhevsky A, Sutskever I, Hinton G E. Imagenet classification with deep convolutional neural networks ［C］// Advances in Neural Information Processing Systems. 2012: 1097. 1105.

［18］ Simonyan K，Zisserman A. Very deep convolutional networks for large – scale image recognition ［J］. arXiv preprint arXiv：1409. 1556，2014.

［19］ Szegedy C，Liu W，Jia Y，et al. Going deeper with convolutions ［C］∥Proceedings of the IEEE Conference on Computer Vision and Pattern Recognition. 2015：1 – 9.

［20］ He K，Zhang X，Ren S，et al. Deep residual learning for image recognition ［C］∥Proceedings of the IEEE Conference on Computer Vision and Pattern Recognition. 2016：770 – 778.

［21］ Ma C，Huang J B，Yang X，et al. Hierarchical convolutional features for visual tracking ［C］∥Proceedings of the IEEE International Conference on Computer Vision. 2015：3074 – 3082.

［22］ Li Y，Zhu J. A scale adaptive kernel correlation filter tracker with feature integration ［C］∥European Conference on Computer Vision. Springer，Cham，2014：254 – 265.

［23］ Danelljan M，Hager G，Shahbaz Khan F，et al. Learning spatially regularized correlation filters for visual tracking ［C］∥Proceedings of the IEEE International Conference on Computer Vision. 2015：4310 – 4318.

［24］ Bai S，He Z，Xu T B，et al. Multi – hierarchical independent correlation filters for visual tracking ［J］. arXiv preprint arXiv：1811. 10302，2018.

［25］ Wang M，Liu Y，Huang Z. Large margin object tracking with circulant feature maps ［C］∥Proceedings of the IEEE Conference on Computer Vision and Pattern Recognition. 2017：4021 – 4029.

［26］ 张勇，金伟其. 光学相关器在自动目标识别中的应用 ［J］. 应用光学，2009，30（5）：777. 782.

［27］ 王永仲，张勇，冯广斌. BP 神经网络在光学相关器相关峰识别中的应用 ［J］. 应用光学，2006（1）：15 – 18.

第8章

类脑计算平台及其目标检测与跟踪应用

本章首先从深度学习专用处理器、神经形态芯片及系统角度阐述了类脑计算硬件平台研究现状，并将深度学习专用处理器与神经形态芯片进行了对比。之后，围绕神经动力学及其应用，给出了基于 Spike 编码的脉冲神经网络（Spiking Neural Networks，SNN）以及基于泄露积分点火（Leaky Integrate–and–Fire，LIF）动力学的模式学习网络示例，并提出了用于目标跟踪的连续 LIF 动力学网络模型。

8.1 类脑计算硬件平台的研究现状

8.1.1 深度学习专用处理器

自从 2012 年深度学习首次应用于 ImageNet 挑战赛并大获全胜之后，深度学习开始呈现爆炸式发展，在学术界和产业界都备受瞩目。传统的大规模 DNN 主要在 CPU 或 GPU 平台上运行，存在资源消耗严重、运行速度慢和能量消耗高等缺陷，导致其只能依靠服务器集群提供云计算服务，难以应用于对面积、速度和功耗均有较高要求的移动终端设备。例如，AlphaGo 围棋机器人的分布式版本需要耗费近 2000 块 CPU 和近 300 块 GPU，即便是小规模深度模型也需要耗费几十块 GPU。对于机器人、无人机、智能手机等终端系统，这仍然是难以承受的开销。

为了解决深度网络资源消耗严重的问题，自 2014 年起，深度学习专用处理器的研究应运而生。总体而言，深度学习专用处理器的发展历程大致经历了计算优化、计算和存储同时优化、理论与硬件协同设计三个发展阶段，如图 8.1 所示。前两个阶段主要是针对预先训练好的神经网络模型进行硬件架构优化设计，第三个阶段的研究重点集中于如何压缩和简化网络模型，并辅助进行专用硬件的设计。

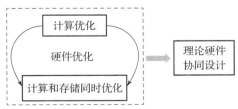

图 8.1 深度学习专用处理器的三个发展阶段

1. 计算优化

早在 20 世纪 90 年代，就有人研究神经网络的硬件化，包括多层神经感知机（Multi–

Layer Perceptron，MLP）、卷积神经网络（CNN）、径向基函数（RBF）网络、反馈神经网络（Recurrent Neural Network，RNN）等。主要实现手段包括数字电路、模拟电路、数/模混合电路和FPGA等。2010年以后，出现了一些面向人工神经网络（Artificial Neural Networks，ANN）的高速率、低功耗硬件处理器研究。其中，Temam基于TSMC 90 nm的器件库设计了小规模MLP的加速器，取得了较好的容错性能；Esmaeilzadeh等基于人工神经网络ANN设计了硬件加速架构神经处理单元（Neural Processing Unit，NPU），应用于各种函数逼近；Chakradhar等基于FPGA设计了CNNs的专用加速器，首次演示了25～30 fps的实时图像流处理；Kim等研制了基于视觉感知器模型的专用芯片，芯片面积为46 mm²、功耗为496 mW、处理速度为60 fps；Farabet等基于FPGA平台实现了七层卷积神经网络，并用于街道场景分析，运行功耗为10 W，处理速度为12 fps；Zhang等基于FPGA的特定CNN在100 MHz时钟频率，实现了约每秒60亿次的浮点运算（Giga Floating point Operations Second，GFLOPS）的处理速度。从总体而言，上述早期的研究较为分散，因此未能得到广泛应用。

2. 计算和存储同时优化

深度学习专用处理器的第一阶段研究主要局限于优化神经网络的计算部分，对于存储与计算之间的数据交换优化并不充足；在面向深度学习的专用处理器的第二阶段，研究者开始考虑解决大量参数存储访问带来的面积、速度和功耗瓶颈问题，同时结合计算模块的设计进一步优化整个架构。其中，中国科学院计算技术研究所和寒武纪科技公司最近几年一直致力于深度学习专用处理器的研究，通过不断改进分布式DRAM存储和计算功能单元以及高吞吐量的数据交换。2014年，他们设计了第一代小规模CNN加速器——"电脑"，其硬件架构如图8.2（a）所示。其中，专用集成电路（Application Specific Integrated Circuit，ASIC）面积为3.02 mm²，功耗为485 mW，处理速度为452 GOPS。同年，他们将计算功能单元进一步并行化，存储资源采用分布式与近片上化设计，研制了第二代CNN加速器—"大电脑"，其采用多片架构，可支持的网络规模大大提高，图8.2（b）所示为其硬件架构示意图。

2015年，结合深度神经网络（Deep Neurap Networks，DNN）加速器和聚类、线性回归、支持向量机和分类树等机器学习算法，中国科学院计算技术研究所和寒武纪科技公司研制了支持多样化机器学习算法的"普电脑"；同年，通过消除DRAM访问，以及CNN加速器与CCD和CMOS图像传感器的集成化，研制了能效更高的视觉信息处理系统"适电脑"。

2016年，他们推出了首款商用深度学习专用处理器——"寒武纪1A"，该处理器可应用于智能手机、安防监控、可穿戴设备、无人机和智能驾驶等终端设备。此外，国际上各个大的AI公司也纷纷发布了深度学习专用处理器架构，如Nvidia的Tesla P100 GPU、Google的TPU（Tensor Processing Unit）和Intel的Nervana处理器等。

3. 理论与硬件协同设计

在深度学习专用处理器的理论与硬件协同设计方面，主要基于深度压缩算法来指导硬件设计。具体来说，就是在不损失过多性能的前提下，通过在理论算法层面对DNN进行各种近似或压缩，设计轻量化网络以减小所需要的计算和存储资源，实现更快的运行速度和更低的能量消耗。其中，Venkataramani等通过对预训练就绪的DNN进行精度影响分析，对其中影响力小的神经元和权重采用低精度计算，进而设计精度动态可配置的DNN加速器架构，并演示了百万级神经元规模的DNN应用，精度损失仅0.5%；Du等通过设计资源应用比较

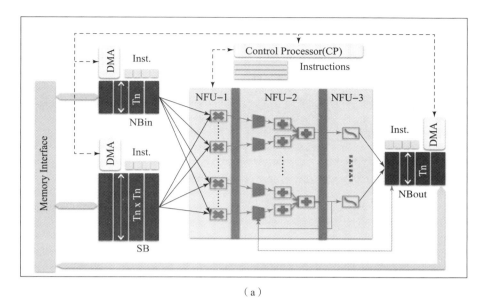

（a）

（b）

图 8.2　深度学习专用处理器的架构示意图

（a）"电脑"；（b）"大电脑"

小的不精确逻辑电路，将其用于 DNN 计算过程，从而在一定程度上降低了 DNN 加速器的面积和功耗；Zhu 等通过对 DNN 权重矩阵进行 SVD 分解，可以仅凭借低秩正交矩阵的存储，动态地判断是否需要启动乘累加计算，从而节约大量存储和计算资源。他们基于 65 nm 工艺提高了 53% 的能效和 43% 的吞吐量，而精度损失小于 0.1%；北京深鉴科技有限公司基于其深度压缩理论，将大规模 DNN（如 AlexNet、VGGNet 等）的权重参数大幅压缩，完全用片上静态随机存取存储器（SRAM）取代片外动态随机存取存储器（Dynamic Random Access Memory，DRAM），并通过网络稀疏化、权值共享、忽略零响应等其他简化计算操作，设计了基于 45 nm 工艺的高效推理机（Efficient Inference Engine，EIE）ASIC 架构（图 8.3）。与寒武纪"大电脑"的方案相比，其吞吐量、面积和能效均有数倍的提升。

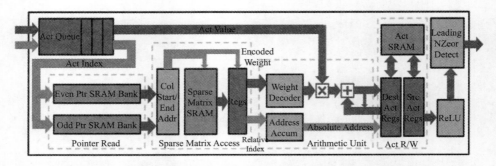

图 8.3 北京深鉴科技有限公司 EIE 深度学习专用处理器架构

8.1.2 神经形态芯片及系统

与深度学习专用处理器仍基于冯·诺依曼处理器的架构不同，神经形态工程致力于构建更加类脑的硬件计算架构，这也是类脑计算的初衷。该领域的发展，是由于许多研究者意识到冯·诺依曼架构的计算与存储分离的瓶颈愈加显著，加之依靠摩尔定律物理微缩提高密度从而提高计算性能的驱动方式越来越困难。这样的瓶颈在 21 世纪初已经比较明显。例如，IBM 公司在其深蓝超级计算机平台上仿真了一个猫的脑皮层模型（相当于人脑的 1%），就需要近 15 万块 CPU 和 144 TB 的内存，耗能约 1.4 MW。据预测，在模拟人脑级别的神经网络时，即使采用当前最先进的计算机系统，仍需要一座发电厂的电力才能完成。在传统密度驱动型计算架构遭遇重大瓶颈的阶段，亟须转向类似大脑的分布并行与存储处理一体化、并且通过不断学习提升性能的功能驱动方式。

神经形态的最早定义是由美国加州理工学院的 Mead 教授提出的，他于 20 世纪 80 年代末提出将 ASIC 用于神经科学计算。生物神经元由树突、胞体和轴突构成，神经元之间通过大量突触连接形成层级网络来处理信息，依赖于网络拓扑结构和突触权重变化来存储信息，同时通过神经元的动力学活动以及相互间信号传递来进行信息处理。

与生物神经网络类似，神经形态基元由神经形态树突、胞体和轴突构成，并由神经形态突触连接构成神经形态网络，通过配置路由网络的连接拓扑关系与神经形态突触连接权重来存储信息，同时结合神经元模块的计算与信号的路由传递来实现信息处理。神经形态系统主要包含三大部分：神经元计算、突触权重存储和路由通信。由于大脑神经网络采用脉冲（Spike）进行信息编码和传递，所以这类系统均采用 SNN 模型，其事件驱动的异步方式使其具备高能效优势。

现有的神经形态芯片及系统主要包括模拟电路主导的神经形态系统、全数字电路神经形态系统以及基于纳米忆阻器件的数模混合神经形态系统。

1. 模拟电路主导的神经形态系统

20 世纪末到 21 世纪初，开始出现基于模拟电路技术的硅视网膜、硅耳蜗与硅神经元等研究，这些成果为后来出现的基于模拟电路的神经形态系统奠定了技术基础。

2006 年，斯坦福大学的 Boahen 课题组启动了 Neurogrid 项目，该项目所构建的神经形态系统成为最具代表性的模拟电路主导的神经形态系统，它的原理是利用可控硅晶体管的亚阈值电特性近似模拟神经元离子通道的动力学行为。Neurogrid 系统采用 SNN 计算模型，模拟的神经元主要包括胞体电路、轴突电路和突触电路，因此可以实现复杂的仿生离子通道模型（如霍奇金·赫胥黎 Hodgkin Huxley，HH 模型）。利用动力学系统的方法，可以把各种神经元模型映射到上述模拟电路中，其系统架构如图 8.4 所示。每个 256×256 的神经元阵列组成一个神经核（Neurocore，NC），16 个神经核通过树形的拓扑连接结构形成分级网络。整个系统由一块母板和一块子板构成，母板基于模拟电路完成神经元动力学计算，而子板基于数字电路负责神经元间的路由通信。Neurogrid 单板能够模拟百万级神经元网络，功耗约为3.1 W。

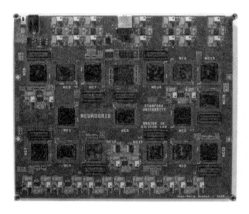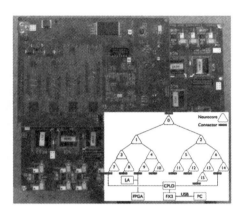

图 8.4　**Neurogrid 神经形态系统架构图**

德国海德堡大学 Meier 课题组研制了 BrainScaleS 系统。其中，单个 wafer 含有 352 个高输入计数模拟神经网络（High Input Count Analog Neural Network）芯片，单片含有 512 个神经元。同时，采用模拟电路实现 SNN 神经元动力学，采用数字板搭载 FPGA 实现路由通信，整个系统的速度约为生物大脑的 10 000 倍，功耗约为 1 kW。

瑞士苏黎世大学和苏黎世联邦理工学院的 Indiveri 课题组研制了可重构在线学习脉冲神经形态处理器（Reconfigurable On‐line Learning Spiking Neuromorphic Processor，ROLLS）系统，该系统不追求网络规模（仅有 256 神经元和 128 KB 突触），而是专用于研究多种突触可塑性机制，包括长期可塑性（Long Term Plasticity，LTP）和短期可塑性（Short Term Plastiaty，SLP）等，可实现复杂的突触动力学和随机脉冲时间依赖可塑性（Spike Timing Dependent Plasticity，STDP）学习等。同时，充分考虑了网络动力学（如吸引子网络）、环境 I/O 实时交互、依赖于内容的信息处理和异构功能拓展等问题，适用于计算神经科学的原理研究。

2. 全数字电路神经形态系统

基于模拟技术的神经形态系统，可以利用模拟电路的 $I-V$ 特性相对容易地实现更为复杂的动力学。另外，模拟电路容易受环境因素影响，导致鲁棒性不高，可配置能力和扩展性也有限。同时，难以通过仿真严格进行一一对应式地复现结果，不利于上层算法的研究。鉴于上述原因，模拟电路主导的系统在学术界出现得相对较多，而在以产品为导向的产业界，则青睐于更加稳定可靠的全数字电路神经形态系统。

大规模数字神经形态系统的研究现状如下。

2006 年，英国曼彻斯特大学、剑桥大学、谢菲尔德大学、南安普顿大学四所大学以及

ARM、Silistix、Thales 三家公司联合启动了 SpiNNaker（Spiking Neural Networks Architecture）项目，致力于实时仿真人脑百分之一规模的神经网络。如图 8.5 所示，其基本的计算功能单元是 CMP（Chip – Multiprocessors）芯片，单片含 18 个 ARM 处理器核和 128 MB 的片外同步动态随机存储器（SDRAM），单个 ARM 核可以模拟近 1000 个神经元。基于 CMP 芯片，他们开发了包含 48 个芯片的大规模神经形态系统的基本构建模块，预计实现人脑 1% 规模需要约 1 200 块 PCB。可以支持多种神经元动力学模型，包括 LIF、Izhikevich 和 HH 模型。神经元间采用六角形拓扑结构互连以构成庞大的神经形态网络，并基于此提出了许多路由容错机制。欧盟脑计划（Human Brain Project，HBP）启动后，开发了与 BrainScaleS 系统的专用通信接口，与其一起成为 HBP 项目的主要神经形态平台。

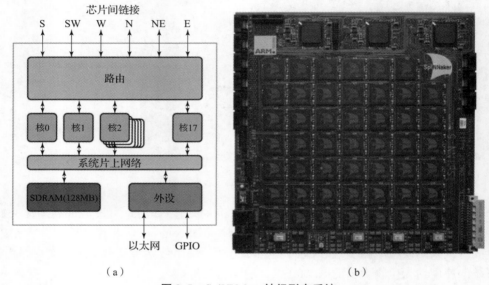

图 8.5　SpiNNaker 神经形态系统

（a）CMP 芯片架构；（b）板级系统

2008 年，美国国防部高级研究计划局（Defense Advanced Research Projects Agency，DARPA）开始资助 SyNAPSE（System of Neuromorphic Adaptive Plastic Scalable Electronics initiative）计划，由 IBM 公司负责研制高密度、低功耗、实时的非冯·诺依曼架构神经形态芯片。

2011 年，IBM 公司发布了一种神经形态突触核（Neurosynaptic Core），如图 8.6 所示。与 SpiNNaker 主要基于商业处理核的架构不同，IBM 公司采用专用设计的 Crossbar 突触连接 SRAM 阵列与神经元计算电路，单核含 256 个神经元与 256 × 256 突触连接阵列。进一步优化其神经元计算复杂度，可支持 LIF 模型及其诸多变体，基于面向对象的"封装类"设计了神经形态网络设计语言 Corelet，构建了与硬件系统一一对应的大规模仿真器 Compass。

2014 年，IBM 公司在 Science 杂志报道了单片含 4096 个 Core 的 TrueNorth 芯片及板级系统，其基本计算核通过二维网格路由形成可扩展的大规模神经形态网络。2015 年，IBM 公司公布了其硬件设计细节，其特殊的事件驱动型异步同步电路混合设计方案使得其模拟百万神经元网络功耗仅有几十毫瓦。目前，TrueNorth 已经成功用于众多领域，包括多目标识别跟踪、图像识别、语音识别、机器人、事件预测和避障决策等。

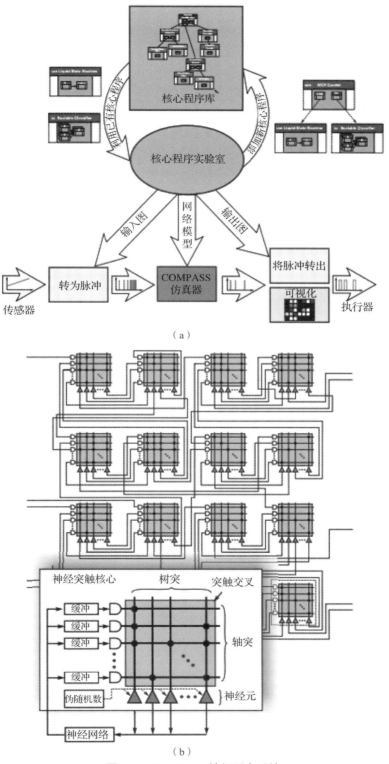

（a）

（b）

图 8.6　TrueNorth 神经形态系统

（a）Corelet 语言和 Compass 仿真器；（b）神经形态突触网络

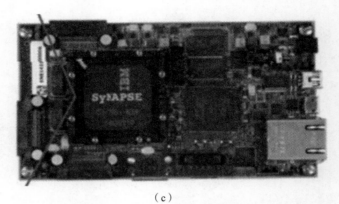

（c）

图 8.6 TrueNorth 神经形态系统（续）

（c）单片板级系统

3. 基于新型纳米忆阻器件的数模混合神经形态系统

模拟电路主导的神经形态系统和全数字电路神经形态系统虽然面积、速度、功耗和可扩展性等已经比较优化，但想要接近人脑的规模，仍然面临巨大的资源开销问题。

另外，在神经形态系统中，最占用面积和功耗的是突触权重的存储、访问以及乘累加运算。因此，寻找高密度、低功耗的突触基元器件与高效的乘累加运算单元成为重要的研究课题。同时，突触可塑性被认为是大脑处理功能的基础，而现有的数字电路方案尚难以高效地实现突触学习规则。综合上述因素，现有的 SRAM、DRAM 或者浮栅门晶体管等均非理想选择。

2008 年，惠普公司发明了忆阻器（Memristor）——一种两端纳米电子器件，其能够保持过去的历史电导状态，并且可以在输入的电压或电流信号作用下逐渐被调制到新的状态。如图 8.7 所示，忆阻器具有高密度特性，而且可以三维堆栈，并且与 CMOS 工艺兼容；通过将计算与存储融为一体，可以大大降低功耗；其非易失性和可调制特性可以较好地模拟突触可塑性，支持突触的自适应学习。因此，忆阻器广泛应用于神经形态系统中作为人工突触。据预计，数字神经元结合模拟的纳米忆阻器件突触（小于 10 nm）将有可能实现人脑的神经网络规模。典型的忆阻器神经形态系统主要由忆阻器阵列及其读/写驱动电路、CMOS 神经元、传感器 I/O、控制器模块等构成，如图 8.8 所示。

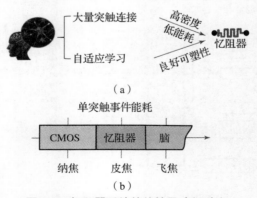

图 8.7 忆阻器系统的特性及功耗对比

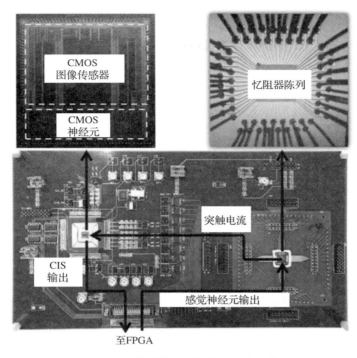

图 8.8　典型的忆阻器神经形态系统

实际的忆阻器件具有较大的差异性，并且存在阵列的漏电与可控性问题。目前，集成大规模的忆阻器件阵列还比较困难，仅在单个突触器件和小规模的突触阵列方面有报道，大规模的忆阻器神经形态网络仅有一些仿真工作，成型的大规模忆阻器系统尚有一定的距离。

忆阻器可以基于各种材料体系和可塑性机制，如金属氧化物、相变材料、自旋电子器件、碳纳米管、有机材料或者其他无机材料等。基于各类忆阻器的单个人工突触行为特性及可塑性学习规则，如 Short Term Potentiating（STP）、Long Term Potentiating（LTP）、Spike Timing Dependent Plasticity（STDP）等的研究一直都在进行，甚至还有基于忆阻器的神经元报道。进一步，构建忆阻器 Crossbar 阵列，可以高效地计算输入向量与突触权重矩阵的向量矩阵乘法（Vector – Matrix Multiplication，VMM），从而实现输入到输出的并行一次性映射（这是神经网络中最主要的计算操作）。基于此，许多研究利用忆阻器 Crossbar 在 VMM 计算中的优势，实现了各种小规模的神经网络及系统。

此外，目前虽然有基于单个忆阻器的行为学模型进行中等规模神经网络仿真的报道，如 CNN、SNN 等，但是还未见到连续 LIF（Leaky Integrate – and – Fire）动力学网络的演示。

8.2　深度学习与神经形态的协同发展期

近年来，由于存在优势互补关系（图 8.9），深度学习与神经形态领域开始相互渗透与借鉴，共同拉开了智能革命时代（AI Era）的序幕。一方面，神经形态领域的研究者意识到深度学习强大的应用需求，开始将深度学习模型进行改造，并用于神经形态平台的应用开发。例如，TrueNorth 演示的一系列 DNN 的应用。另一方面，神经形态芯片及系统的技术突破，使深度学习领域的研究者开始注重类脑智能理论的研究以及适用于神经形态平台的轻量化 DNN 理论研究。

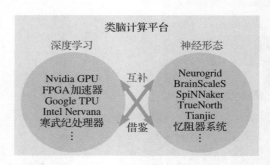

图 8.9 深度学习平台与神经形态平台的关系

以下主要阐述轻量化深度学习理论的研究进展，主要包括网络结构和参数压缩、二值化和三值化理论两个部分。

8.2.1 网络结构调整和参数压缩

降低大量乘累加操作中的存储和计算开销的主要措施包括：对已经预先离线训练就绪的 DNN 进行网络裁剪和精度近似处理等变换，对权重参数进行 SVD 分解，对神经元状态和权重进行稀疏化再训练，其他量化参数或者将实数乘法转换为整数移位的方法等。此外，在模型建立时，通过设计稀疏连接、紧凑层等方法也可以有效简化计算。国内北京深鉴科技有限公司、清华大学与斯坦福团队，提出了剪枝、量化与霍夫曼编码的 DNN 压缩三步流水操作方案，可将 DNN 存储空间压缩近 50 倍，仍然能保持很小的精度损失，可使片内 SRAM 取代片外 DRAM，从而提高 DNN 的硬件实现速度，以及降低系统功耗。

8.2.2 二值化和三值化理论

最近两年，许多关于 DNN 权重参数空间和神经元状态空间二值化和三值化的研究工作开始出现，并由于其硬件友好性很快成为深度学习和神经形态领域的关注热点。其中，Bengio 课题组在 DNN 训练过程中周期性地把外部存储器中的连续态浮点数权重采样为二值态，从而把复杂的浮点数乘累加运算转换为简单的加法运算，并在一些中小数据库上取得了非常好的性能。该课题组进一步把神经元状态也离散为二值，把乘加运算直接简化为二值同或逻辑运算（XNOR），如图 8.10 所示。IBM 公司巧妙利用这种二值网络只有两个神经元状态的特点，将其改造成 SNN 模型，并在 TrueNorth 神经形态平台上成功演示了大于 6 000 fps/W 的超快、超低功耗图像流处理，覆盖了常用的八个数据库；Rastegari 等在实数权重采样为二值的过程中引入放缩因子，把二值化问题转化为向量的范数逼近优化问题，在 ImageNet 等数据库上取得了较好的结果；中国科学院应用数学研究所和陌上花科技有限公司团队，基于 Rastegari 课题组的上述工作，把权重推广到三值，获得了更好的性能；清华大学提出带门限三值神经网络 GXNOR 网络，深鉴科技团队也报道了 DNN 的一种三量化方案，在 CIFAR10 和 ImageNet 数据库上也取得了较高的识别正确率。

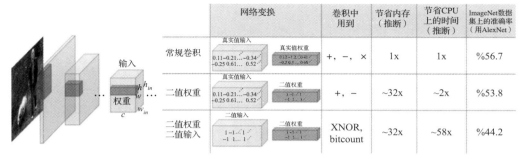

	网络变换		卷积中用到	节省内存（推断）	节省CPU上的时间（推断）	ImageNet数据集上的准确率（用AlexNet）
常规卷积	真实值输入 0.11 -0.21... -0.34... -0.25 0.61... 0.52...	真实值权重 0.13 -1.2 0.41... -0.2 0.5 ... 0.68...	+, -, ×	1x	1x	%56.7
二值权重	真实值输入 0.11 -0.21... -0.34... -0.25 0.61... 0.52...	二值权重 1 -1... 1 -1 1... -1	+, -	~32x	~2x	%53.8
二值权重 二值输入	二值输入 1 -1... 1 -1 1... -1	二值权重 1 -1... 1 -1 1... -1	XNOR, bitcount	~32x	~58x	%44.2

图 8.10 二值化网络示意图

8.3 深度学习专用处理器与神经形态芯片的对比

目前的类脑计算硬件平台主要有两大类，深度学习专用处理器与神经形态芯片及系统。如表 8.1 所示，两者在计算架构上的存在以下主要区别。

（1）类脑特性。深度学习专用处理器主要支持 DNN 模型（少量包括其他机器学习模型），借鉴大脑层级处理与学习训练的特性；而神经形态芯片及系统主要支持 SNN 计算模型（忆阻器网络也支持 DNN 模型），更多借鉴大脑时空关联特性。

（2）计算与存储架构。深度学习专用处理器基于典型的冯·诺依曼处理器架构，存储和计算相互分离；而神经形态芯片及系统借鉴大脑存储和计算相互依存的一体化特性，一般采用可重构 ASIC 架构，有望突破冯·诺依曼架构的束缚，实现存储和计算一体化。例如，TrueNorth 神经形态芯片极大地弱化了存储器总线访问的存在，初步具备了非冯·诺依曼架构。

（3）并行方式。深度学习专用处理器虽然采用多核并行处理致力于 DNN 算法的高效实现，但是其 I/O 数据交换需要通过全局调度才能实现，导致各功能核之间并行存在一定的时序约束性；神经形态芯片及系统旨在构建并模拟大脑海量神经元群的并行处理机制，每个计算功能核均具有独立的路由模块，以实现 I/O 数据交换，无须通过全局调度实现去中心化流水运行，是一种典型众核分布并行架构。

表 8.1 深度学习专用处理器与神经形态芯片对比

类脑计算平台	网络模型	类脑特性	计算架构	存储架构	并行方式
深度学习专用处理器	DNN（机器学习）	层级处理 学习训练	冯·诺依曼 处理器架构	与计算分离	多核处理 算法并行
神经形态芯片及系统	SNN	时空动力学	可重构 ASIC（非冯·诺依曼架构）	与计算一体化（目标）	众核处理 分布并行

深度学习专用处理器与神经形态芯片及系统的性能差异及应用比较主要表现为如下几个方面。

（1）性能优势。深度学习专用处理器具有一定全局特性，可以全局编程配置。因此，易于将网络计算模型映射到实际物理系统。基于现有处理器架构体系，编译器等开发工具链也相对容易设计，上层应用的开发周期可以大大缩短；神经形态芯片及系统采用完全去中心化的众核分布并行架构，具有较高的运行速度和良好的功能扩展性。此外，其通过借鉴大脑存储处理一体化的特性，具有较高的能效。

（2）目标应用与实际应用。深度学习专用处理器瞄准图像/语音等 DNN 应用，计算模型相对比较成熟；神经形态芯片及系统主要借鉴大脑时空动力学，并致力于类脑通用智能的突破。同时，受限于目前脑科学研究水平的限制，目前能够演示的应用多是深度学习的变体。

（3）模型优势与瓶颈。虽然深度学习专用处理器的模型和应用相对成熟，但其时空表达能力和泛化通用性较低；神经形态芯片及系统具有较强的时空信息编码能力，随着脑科学研究的不断深入，将在实际应用中展现出越来越显著的技术优势。

已有研究表明，大脑同时具备分层处理、学习训练（深度学习模型）、时空动力学（神经动力学网络）、分布并行与存储处理一体化（神经形态架构）等特性等。虽然目前神经形态理论基础和应用能力尚未完全成熟，但是其动力学网络带来的强大时空编码能力、众核并行带来的高速响应能力、存储处理一体化带来的高能效以及去中心化带来的可扩展性，均体现了大脑的重要特征，具备支撑未来通用智能的潜力。

8.4　LIF 动力学概述

神经形态芯片及系统一般采用基于神经动力学的网络计算模型。LIF 动力学是一种应用广泛的神经动力学。目前，国际主流的神经形态芯片主要支持基于脉冲编码的 LIF 网络，即 SNN，而在计算神经科学领域，连续 LIF 动力学网络也被广泛采用。

LIF 动力学是计算神经科学常用的神经元模型，LIF 网络由诸多神经元节点及它们之间的相互连接（突触权重）构成。每个神经元也会累加多个前端神经元的输入，并对累加信息进行非线性处理，然后输出传递至后端神经元。上述过程与 ANN 和 CNN 基本的 "输入与权重乘累加→非线性激活函数处理" 算子类似；不同的是，LIF 动力学中神经元的状态信息不再是瞬态值，而与历史状态信息有关，可以理解为带有记忆能力的 ANN。神经元节点的基本动力学模型如下：

$$\tau_m \frac{\mathrm{d}V_i}{\mathrm{d}t} = -(V_i - V_{\text{rest}}) + \sum_j V_j w_{ij} + V_{\text{ext}} \tag{8.1}$$

式中，V_i 为网络中第 i 个神经元的膜电位（对应 ANN 神经元 I/O 状态值）；τ_m 是膜电位时间常数；V_{rest} 为神经元静息电位；V_{ext} 为外部激励电位；$\sum V_j w_{ji}$ 对应 ANN 中输入权重乘累加项，V_j 为前端第 j 个神经元的输出膜电位；w_{ji} 为前端第 j 个神经元与后端第 i 个神经元之间的连接权重。

在式（8.1）中，$\sum V_j w_{ji}$ 对应积分项，$-(V_i, -V_{\text{rest}})$ 对应泄漏项；而发放更多是针对基于脉冲（Spike）编码的 SNN 模型而言，膜电位需要累加到一定的阈值才能发放脉冲传递至后端神经元。最初的 LIF 模型是针对 SNN 而言的。实际上，一般认为人脑主要采用 Spike 频率对信息进行编码，即大脑神经网络本身是基于 Spike 编码的。因此，可认为式（8.1）所示的连续 LIF 动力学是 SNN 的频率编码版本。

DNN 具有明显的 "输入层→隐含层→输出层" 结构。与 DNN 不同，LIF 网络仅有少数网络（面向深度神经网络应用 SNN）具有与 DNN 类似的分层结构，大部分 LIF 网络为无层混沌结构（每个神经元均有可能与网络中的其他所有神经元相连），如图 8.11 所示，这也是一种典型的 RNN 结构。

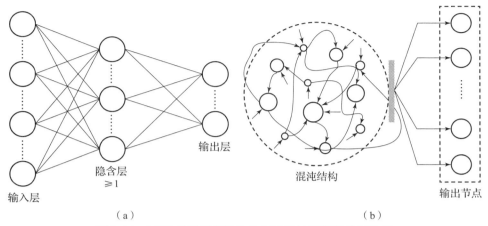

（a）　　　　　　　　　　　　　　　　　　　　（b）

图 8.11　DNN 分层网络结构与 LIF 混沌网络结构对比图

8.4.1　脉冲神经网络

脑神经网络采用 Spike 脉冲进行信息编码，Spike 信号是一种二值信号。其中，1 代表神经元被激活（产生一个事件）并传递至其后端连接的神经元，即向后端神经元发送一个脉冲事件；0 代表神经元未被激活且对后端神经元也不产生任何影响，即未产生上述脉冲事件。这种事件驱动的方式（收到事件才工作），可以获得非常高的能效，也是诸多神经形态芯片将 SNN 模型作为基本模型甚至唯一支撑模型的出发点之一。此外，虽然目前认为 SNN 主要采用频率进行编码（一定时间段内的 Spike 数目），但仍有许多关于 Spike 时间编码理论（一定时间窗内 Spike 信号发生的时间分布）或时空编码理论的研究。在信息表达能力方面，SNN 拥有更为丰富的时空表达能力，只是目前这种能力尚未被完全挖掘。

在式（8.1）所示的连续 LIF 动力学模型的基础上，将神经元的输入/输出信号离散为二值 Spike 事件序列流（图 8.12 为其单神经元节点的计算原理），可得到如下的 SNN 基本模型：

$$
\begin{cases}
\tau_m \dfrac{\mathrm{d}V_i}{\mathrm{d}t} = -(V_i - V_{\text{rest}}) + \displaystyle\sum_j w_{ij} \sum_{t_j^k \in S_j^{T_W}} K(t - t_j^k) + V_{\text{ext}} \\
\text{若 } V_i \geq V_{th}, \text{则发放 spike\& 更新 } V_i \leftarrow V_{\text{reset}}
\end{cases}
\tag{8.2}
$$

式中，V_{th} 为神经元的发放阈值电位；V_{reset} 为重置电位；t_j^k 为前端第 j 个神经元在指定时间窗 T_W 内发放的第 k 个 Spike 信号时间点；$s_j^{T_W}$ 为前端第 j 个神经元在当前时刻 t 之前时间窗 T_W 内的 Spike 序列集合；$K(\Delta t)$ 为一个衰减核函数，通常 Δt 越小，$K(\Delta t)$ 的值越大，表示离当前时刻 t 较近的 Spike 输入对后端神经元影响较大。

图 8.13 所示为常用的核函数曲线。其中，图 8.13（b）更具有生物相似度，但是实际中常直接采用图 8.13（a）的指数衰减曲线，甚至在有些简化模型中不考虑该时间衰减效应。

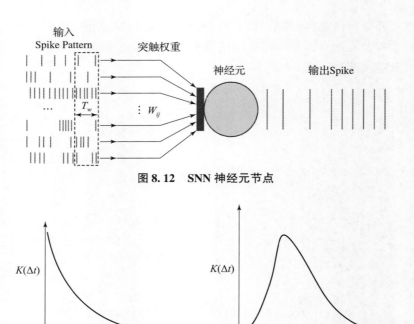

图 8.12　SNN 神经元节点

图 8.13　常用的 $K(\Delta t)$ 核函数曲线

不同于式（8.1）和式（8.2）的乘累加过程需要双重累加，包括：针对多个前端连接神经元输入权重的空间域累加，以及针对任意前端神经元发放 Spike 序列的时间域累加。因此，每个神经元累加的前端信息不再仅仅是一个空间向量，而是一个二维 Spike Pattern，如图 8.12 所示。可以看出，SNN 比连续态 LIF 动力学网络具有更为丰富的时间动力学，是一个真正的时空计算模型，而式（8.1）所示的连续态 LIF 动力学仅是式（8.2）所示 SNN 在频率编码下的一个特例。

针对 SNN 模型时空域的特点，引入时间深度的概念。在式（8.2）中，若时间窗 $T_W =$ 1，则神经元当前累加的输入信息仅包括上一个最近时间步的前端 Spike 信号，而与更早时刻之前发生的 Spike 信号无关。即每个神经元发出的 Spike 信号仅在下一个时间步对后端神经元产生影响，此类 SNN 称为单拍时间深度 SNN 模型。由于其仅需缓存上一个时间步的 Spike 信息，而无须保存多个时间步的信息，极大地降低了存储量。因此，目前的神经形态平台广泛采用（如 IBM 公司的 TrueNorth 系统）。

与此对应，若时间窗 $T_W > 1$，每个神经元发出的 Spike 信号在未来的 T_W 多拍时间窗内均对后端神经元有影响，则称为多拍时间深度 SNN 模型。多拍时间深度通常会结合图 8.13 所示的时间衰减核函数 $K(\Delta t)$，用于区分时间窗内不同时刻发生的 Spike 信号对后端神经元有的影响。距离越近的时刻影响越大，已过去较远的时刻则影响较小。

图 8.14 所示为典型的 SNN 神经元膜电位变化曲线。其中，从静息电位 V_{rest} 起，在外部输入的激励下，膜电位逐渐增大至阈值电位 V_{th}，发出 Spike 信号，膜电位复位成重置电位 V_{reset}。此时，若没有外部激励，膜电位会逐渐衰减泄漏，直到外部输入激励的到来而重新逐渐增大，开始下一个 Spike 周期。V_{rest} 和 V_{reset} 常取相同值，在神经形态领域一般取零值。实

际上，生物神经元在发出 Spike 信号后，有一段时间不能接收外部输入，这段时期称为不应期 τ_{ref}。SNN 网络的最大 Spike 频率由不应期 τ_{ref} 决定。考虑一种极端情况，每次不应期之后神经元都立即发放，则最大 Spike 频率即为 $1/\tau_{\text{ref}}$。

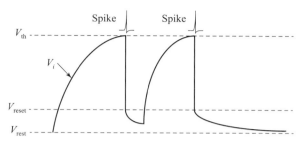

图 8.14　SNN 神经元膜电位变化曲线

在计算神经科学领域，SNN 主要以图 8.1（b）所示的混沌结构为主，重点在于研究各种突触可塑性规则以及兴奋/抑制机制等。在神经形态领域，目前报道的 SNN 演示仍以借鉴图 8.11（a）所示的 DNN 分层结构为主，其主要原因为：其网络结构相对简单，具有明确的信息流，易于构建目标识别之类的典型应用。

由于 SNN 网络的动力学比 ANN 复杂，而且神经元的输出状态为阶跃 Spike 信号，本身不具备数学可导性，也难以建立类似 ANN 的梯度下降学习理论，导致 SNN 的学习训练存在较大的挑战。目前，SNN 的学习方法主要包括三类：无监督学习规则、ANN 间接学习算法和 BP 有监督直接学习算法，这三种方法训练的网络性能总体上逐渐升高。

1. 无监督学习规则

脉冲时间依赖可塑性（Spike Timing Dependent Plasticity，STDP）规则是一种典型的 SNN 无监督学习规则，是脑科学领域的研究者对大量生物实验总结后提出的。近年来，随着基于忆阻器的神经形态系统逐渐兴起，其在神经形态领域得到了广泛应用，同时也被应用于多种基于 SNN 模型的神经形态平台。

STDP 规则是一种基于 Spike 时间信息进行学习的规则，其具体的权重参数更新规则为

$$\Delta w = \begin{cases} A_1 \mathrm{e}^{-\frac{\Delta t}{\tau_1}}, \Delta t \geqslant 0 \\ A_2 \mathrm{e}^{\frac{\Delta t}{\tau_2}}, \Delta t < 0 \end{cases} \tag{8.3}$$

式中，$\Delta t = t_{\text{post}} - t_{\text{pre}}$、$t_{\text{post}}$ 和 t_{pre} 分别为该突触的后端神经元和前端神经元发放 Spike 信号的时刻；Δw 为该突触权重参数的增量值；A_1、A_2 和 τ_1、τ_2 是四个常值参数。

图 8.15 所示为式（8.3）对应的学习曲线。当前端神经元先于后端神经元发放 Spike 信号（$\Delta t \geqslant 0$），则 $\Delta w > 0$，即该突触权重会增强，$|\Delta t|$ 越小增强越多；反之，当后端神经元先于前端神经元发放 Spike 信号（$\Delta t < 0$），则 $\Delta w < 0$，即该突触权重会减弱，$|\Delta t|$ 越小减弱越多。上述两个过程分别对应长时程增强（Long Term Potentiation，LTP）和长时程抑制（Long Term Depression，LTD）。STDP 反映了前、后端神经元间信息传递的因果关系。其中，顺向因果时序（$\Delta t \geqslant 0$）对应 LTP 过程，逆向因果时序（$\Delta t < 0$）对应 LTD 过程。从曲线可以看出，STDP 主要与前、后端神经元发放 Spike 信号的时间信息有关，并且时间关系越紧密（$|\Delta t|$ 越小），突触权重的变化越显著。

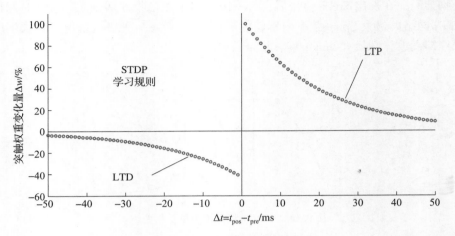

图 8.15　STDP 学习曲线

式（8.3）是一种简单的 STDP 规则。在实际应用中，通常采用动力学更为复杂的变体形式。但是，无论哪种 STDP 规则，均为局部学习规则，即每个突触权重参数的修改仅与其相邻两端的神经元 Spike 信息有关，无须全局信息。上述局部特性使得 STDP 易于硬件实现，在单忆阻器突触基元、忆阻器网络以及神经形态平台等硬件中得到广泛应用。此外，也有研究借鉴 DNN 分层构建网络的方式，对分层 SNN 网络进行 STDP 训练，并利用相关机制逐渐提高 STDP 的学习性能。

虽然 STDP 被广泛采用，但是目前仅依靠 STDP 规则完成 SNN 的有效训练仍然存在诸多问题。例如，通常需要结合 WTA（Winner Take All）竞争、阈值/泄漏自适应等机制，或者结合 DNN 的训练手段等，才能让 SNN 网络取得较高的性能。另外，目前基于 STDP 规则训练的 SNN 网络通常层数都比较少（多为 2~3 层），难以实现深度 SNN 的学习与训练。

2. 基于 ANN 预训练的间接学习方法

借鉴较为成熟的 ANN 学习方法，可提高 SNN 的训练性能。例如，首先将 SNN 网络按照 ANN 的方式构建；然后利用 ANN 的 BP 有监督方法训练，再将该 ANN 的神经元模型转化为 IF 模型并将传递信号转换为 Spike 信号，从而完成 SNN 的间接学习过程。上述方法需要具备如下条件。

（1）采用 ReLU 分段线性激活函数的 ANN 神经元，其输出是基于简单 IF 模型（无泄漏/无不应期）的 SNN 神经元输出 Spike 信号的频率编码，即 ReLU 神经元的输出与 IF 神经元输出 Spike 数目成正比。

（2）IF 神经元中并无偏置项，如果在 ReLU 神经元中去掉偏置参数，则两者可以很好地对应。

（3）SNN 的 Spike 信号为二值，在卷积架构中很难进行 Max pooling 操作，但倘若改为 Average pooling 操作，后端神经元的输出 Spike 频率仍然可以正比于原 ANN 的神经元输出值。

（4）对于分类任务，只有输出层神经元状态的相对大小关系起作用，而不关心具体的输出值。因此，虽然 ANN 的直接输出值转换成 SNN 的 Spike 频率编码值存在一定的放缩关系，但是仍可以完成分类任务。

上述间接学习方法的主要步骤如下。

步骤 1：构建 ANN 网络（可以为深度全连接网络或深度卷积网络），网络每个神经元节点采用 ReLU 激活函数，并且去掉偏置项；若网络为深度卷积网络架构，采用 average pooling 操作。

步骤 2：根据 ANN 的训练方法直接完成该网络的训练，获得理想的权重参数。

步骤 3：保持权重参数不变，直接将神经元模型改为 IF 模型，将整个网络的传递信息改为 Spike 信号。

步骤 4：通过调整输入层 Spike 频率与各层神经元阈值电位，获得更高的 SNN 网络性能。

在上述过程中的步骤 3 之后，SNN 的性能较于步骤 2 预训练的 ANN 可能会有较大的下降，这主要是由于还未调整输入 Spike 频率与各层神经元阈值电位，可能导致输入频率过大，使得产生过多的无效 Spike 信号，也有可能导致输入频率过小而使得产生的 Spike 信号太少，两者均导致不能较好地提取输入模式的特征。只有经过步骤 4 的精细调整，才能使得整个 SNN 网络的响应比较平衡，不至于过多激活或都不发放，从而在一定时间窗内统计输出层的 Spike 频率编码，以便获得较好的分类性能。一般情况下，上述 ANN 预训练方法的性能优于 STDP 无监督学习。

3. 基于 BP 算法的有监督直接学习

不同于 STDP 等无监督的局部学习规则，Back Propagation（BP）算法可对 SNN 进行有监督的直接训练。然而，这种方式面临的困难主要在于 SNN 神经元响应为阶跃的二值 Spike 信号，本身不具备可导性，很难完成 BP 梯度下降过程的推导。

为此，可以对其模型进行一定变形，使之可训练。在式（8.2）中，SNN 的基本 LIF 模型忽略了 $K(\Delta t)$ 衰减效应，且外部输入调整为零。同时，发放 Spike 后膜电位复位至 V_{reset} 修改为 $V_i = V_i - \gamma V_{\text{th}}$。同层神经元会受到彼此横向抑制，即神经元发放后会使同层神经元的膜电位下降，也称为 WTA 竞争机制。此时，可以直接求解 SNN 神经元膜电位的一阶微分方程，即

$$V_i(t) = \sum_{m=1}^{M} x_m(t) w_{im} - \gamma V_{\text{th}} a_i(t) - \sigma V_{\text{th}} \sum_{n=1, n \neq i}^{N} k_{in} a_n(t) \tag{8.4}$$

式中，$\Sigma x_m(t) w_{im}$ 为上一层神经元的 Spike 输入项；$-\gamma V_{\text{th}} a_i(t)$ 为自身神经元发放后的膜电位复位项；$\sigma V_{\text{th}} \Sigma k_{in} a_n(t)$ 为同层神经元发放后的横向抑制项；k_{in} 为当前层第 n 个神经元对同层第 i 个神经元的横向抑制因子。

式（8.4）中的 $x_m(t)$ 定义为

$$x_m(t) = \sum_{t_m^p} e^{\frac{-(t-t_m^p)}{\tau}}, x_n(t) = \sum_{t_n^q} e^{\frac{-(t-t_n^q)}{\tau}} \tag{8.5}$$

式中，$x_m(t)$ 为上一层第 m 个神经元输入 Spike 序列；$a_i(t)$ 为当前神经元发放在膜电位上的时间衰减效应，这一效应是由于一阶微分方程的泄漏项导致膜电位随着时间呈指数衰减造成的。

如果把神经元的膜电位 V_i 仅看作一个隐含变量，而 a_i 为神经元真正的响应量，则可对式（8.5）做如下变换：

$$\gamma V_{\text{th}} a_i = - V_i(t) + I_i - \sigma V_{\text{th}} \sum_{n=1, n \neq i}^{N} k_{in} a_n \tag{8.6}$$

式中，把各变量的 (t) 时刻均作简化标记仅保留变量，而且 $I_i = \Sigma x_m(t) w_{im}$ 为前端输入的积分项。

进一步对式（8.6）两端进行求导数：

$$\begin{cases} \dfrac{\partial a_i}{\partial I_i} = \dfrac{1}{\gamma V_{th}} \\ \dfrac{\partial a_i}{\partial w_{im}} = \dfrac{\partial a_i}{\partial I_i} \cdot \dfrac{\partial I_i}{\partial w_{im}} = \dfrac{\partial a_i}{\partial I_i} \cdot x_m \end{cases} \tag{8.7}$$

式中，$\partial a_i / \partial I_i$ 相当于 ANN 的非线性激活函数导数 φ'，记为 a_i'。

上述过程将本身不可导的离散 Spike 序列通过封装到式（8.5）所示的指数核函数中，将 a_i 视为神经元的输出状态，仅把 Spike 时刻点看作导数噪声信息，从而解决了 SNN 中 Spike 阶跃激活函数不可导的问题。至此，借鉴 ANN 中梯度下降算法的推导过程，得到 SNN 的 BP 算法：

$$\begin{cases} \Delta w_{im}^{(l)} = -\eta \cdot a_i^{(l)'} \cdot e_i^{(l)} \cdot x_m^{(l)} \\ e_i^{(l)} = \sum_j w_{ji}^{(l+1)} \cdot a_j^{(l+1)'} \cdot e_j^{(l+1)} \end{cases} \tag{8.8}$$

式中，上标 (l) 表示第 l 层。

式（8.8）与 BP 算法本质上是一致的，可以定义类似 ANN 的代价函数 $L = (1/2)\|o - y\|^2$。其中，o 为输出层神经元在一定时间窗内的 Spike 数目，为了匹配与标签的量阶，通常将 Spike 数目进行最大值归一化操作。

8.4.2 目标跟踪 LIF 动力学网络

目标跟踪 LIF 动力学网络是一种偏工程应用的 LIF 网络，可直接用于视频中的运动目标跟踪，并分析其响应的灵敏度与稳定性。

1. 连续吸引子网络及原理

反馈 LIF 网络模型的特性表明反馈连接的 LIF 网络具有动力学（亚）稳态点。连续吸引子 LIF 动力学网络的结构如图 8.16（a）所示，每个神经元与周围一定距离的神经元相连，距离越近的神经元之间连接权重越大。反之，距离越远权重越小甚至不连接，整个一维神经元向量呈现首尾循环连接状。同时，每个神经元可直接接收外部激励，也可直接对外输出。图 8.16（b）所示为这种反馈 LIF 网络推广至二维情况，应用于视频目标跟踪的示例。其中，由于每个神经元需对位接收外部视频像素点的输入，每个输入像素值对应一个神经元。因此，该网络是一种二维结构的反馈 LIF 网络。图 8.16（a）中间的每个圆圈即为一个神经元节点，而神经元之间相互进行连接。同时，图 8.16（b）为视频的图像帧序列，相邻两帧的差分绝对值信号用作左边网络的神经元输入激励。通过配置一定的权重参数，神经元的响应值在目标周围呈现一个峰形（bump），该 bump 峰随目标移动而移动。由于上述响应特性，该反馈 LIF 网络也被称为连续吸引子网络（Continuous Attractor Neural Network，CANN）。

CANN 的原始模型可参见有关文献，同时，可将此模型的动力学改造为适用于类脑计算平台的硬件友好模型，改造后的 CANN 动力学模型如下：

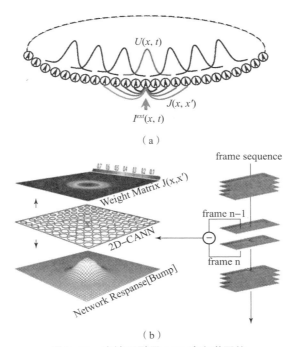

图 8.16　连续吸引子 LIF 动力学网络

（a）连接示意图；（b）视频目标跟踪应用

$$\begin{cases} \dfrac{\mathrm{d}V(x,t)}{\mathrm{d}t} = -V(x,t) + \beta\sum_{x'}J(x,x')\cdot r(x,t) + \dfrac{\alpha}{1+\mathrm{e}^{A-B\cdot r(x,t)}}\cdot V_{\mathrm{ext}}(x,t), \mathrm{s.t.}\ V(x,t)\geqslant 0 \\ r(x,t) = \mathrm{ReLU}\{\gamma\cdot[V(x,t)-\mu\sum_{x'}V(x',t)]\} \end{cases}$$

$$(8.9)$$

式中，x 和 x' 均表示神经元在 CANN 中的二维坐标；V 为神经元的膜电位；r 为神经元活动强度（对应于 SNN 中的 Spike 发放频率）；$J(x,x')$ 为 x' 坐标处的神经元至 x 坐标处神经元的突触连接权重；V_{ext} 为对应位置神经元的外部输入激励；t 为变量的采样时刻点；α、β、γ、μ、A 和 B 为六个系统参量，均为正值。

式（8.9）中 ReLU 函数的定义与 DNN 中一样，即 $\mathrm{ReLU}(x)=\max(x,0)$。s.t. $V(x,t)\geqslant 0$ 表示动力学过程中膜电位 V 始终满足非负的约束，即需每个迭代步执行 $V(x,t)=\mathrm{ReLU}(V(x,t))$ 的操作。与原始的 CANN 模型相比，式（8.9）主要通过添加膜电位正值约束 s.t. $V(x,t)\geqslant 0$，将原始的 $V\rightarrow r$ 平方二阶归一化简化为一阶归一化，并把除法归一化操作修改为加减归一化操作。改造后的模型更易于在类脑计算平台上实现。

2. 权重编码与参数分析

与上述网络类似，连接权重的确定是建立 CANN 的重要过程。CANN 的权重是通过预先编码设定的，在实际运行过程中不再改变。一般按照如下规则进行权重参数设计：

$$J(x,x') = \begin{cases} \dfrac{J_0}{2\pi a^2}\cdot\mathrm{e}^{-\frac{|xx'|^2}{2a^2}}, \text{神经元 } x' \text{ 位于神经元 } x \text{ 的 RC 邻域内} \\ 0, \text{其他} \end{cases}$$

$$(8.10)$$

式中，$|xx'|^2$ 为神经元 x 和神经元 x' 在 CANN 二维空间的距离；J_0 和 a 为两个常值参量；RC 表示每个神经元仅与一定半径范围内的神经元相连，而与更远的神经元之间没有连接。

CANN 的神经元本身呈矩形分布，但是 RC 区域却是各方向循环连接的，即最上和最下、最左和最右的神经元具有突触连接。此外，为了更易于在神经形态芯片实现，上述 RC 区域截断，该权重编码的形式为高斯曲面，即神经元之间距离越近，连接权重越大，反之亦然。这种权重编码方式使得神经元可以通过自身动力学维持当前的高斯 bump 形状而不丢失目标，同时能够抑制 bump 外的干扰物体。

式（8.9）中各参数的作用如下。

（1）γ 和 μ 是两个控制神经元活动强度归一化的参数，主要使得 r 可以维持不变，而不会受反馈输入的影响。

（2）α、A 和 B 共同在一定范围内控制外部输入项 V_{ext} 的大小。其中，α 和 B 越大，外部目标输入项越大。A 越大，外部目标输入项越小。

（3）β 控制反馈输入的大小，β 越大则反馈输入越大，否则反馈输入越小。

相对而言，后面四个参数与网络响应的灵敏度和稳定性关系较大。具体来说，若 LIF 动力学中外部目标输入项占主导，则该网络可以灵敏地跟随目标运动，但是同时也易受其他运动物体干扰（非目标），即网络响应灵敏度较高，但是稳定性不足；若反馈输入项占主导，则该网络可以稳定地跟踪低速率运动目标，而且不易受其他运动物体干扰。但当目标运动过快时，容易跟丢，即网络响应稳定性较高，但是灵敏度不足。在实际工程应用中，可通过参数调整实现两者的平衡。

8.5　LIF 动力学网络的整型化

通过 LIF 动力学网络的整型化，可满足神经形态芯片数据类型和位宽约束。以下分 SNN 整型化、连续 LIF 动力学网络两部分说明 LIF 动力学网络的整型化问题。

8.5.1　SNN 的整型化

在 SNN 网络中，每层的输入和输出模式均为离散的二值 Spike 模式。因此，神经元输出无法直接采用上述 DNN 整型化链式算法。在 SNN 中，代表神经元输出状态的是 Spike 序列。因此，只要控制整型化后各层神经元的 Spike 序列与原始浮点数网络相同，则可认为该 SNN 网络的输出状态保持不变。

据此思路，提出如下 Spike 序列不变法：

$$S^{(l-1)}\text{不变},W^{(l)}=\rho_w^{(l)}W^{(l)},V_{\mathrm{leak}}^{(l)}=\rho_w^{(l)}V_{\mathrm{leak}}^{(l)},V_{\mathrm{th}}^{(l)}=\rho_w^{(l)}V_{\mathrm{th}}^{(l)}\Rightarrow S^{(l)}\text{不变} \qquad (8.11)$$

式中，$S^{(l-1)}$ 和 $S^{(l)}$ 分别为第 $l-1$ 和第 l 层神经元的 Spike 序列模式；$V_{(l)\mathrm{leak}}$ 为第 l 层的泄漏电位向量；$V_{(l)\mathrm{th}}$ 为第 l 层的阈值电位向量。

式（8.11）表明，只要该层神经元的输入 Spike 序列与原始网络一致，并且泄漏值电位和阈值电位保持与权重参数放缩倍数相同，则该层神经元输出的 Spike 序列可以维持与原始网络一致。

SNN 网络整型化的 Spike 序列不变算法如下。

步骤 1：根据各层权重参数的数据范围，确定各层权重的放缩倍数 $\rho_{(l)w}$，$l=1,2,\cdots,L$，使得放缩后的权重参数四舍五入取整后满足 8 bit 的整型限制，即 $\mathrm{round}(\rho_{(l)w}W^{(l)})\in[-128,127]$ 且为整数。

步骤 2：若 $l=L$，则停止；否则，继续。根据第 l 层权重放缩因子 $\rho_{(l)w}$，计算其整型泄漏值 round $\left(\rho_{(l)w}V_{(l)\text{leak}}\right)$ 向量和阈值 round $\left(\rho_{(l)w}W^{(l)}\right)$ 向量。

步骤 3：更新 $l \leftarrow l+1$，返回步骤 2。

8.5.2　连续 LIF 动力学网络整型化

连续 LIF 动力学网络的实际应用以反馈结构为主，其整型化流程会对复杂。通常，需要将反馈 LIF 网络的动力学微分方程按照时间步展开成迭代差分方程，并将每个时间步的迭代过程看作一层前馈网络。如图 8.17 所示，将一个迭代步的输入和输出分别视为放缩链式法则中当前层的输入和输出。这里，需要在权重放缩因子和外部输入放缩因子的基础上，调整内部截取和压缩的放缩因子，使其满足如下输入/输出放缩约束条件：

$$\rho_V^{(t)} = \rho_V^{(t-\Delta t)} = \rho_V \tag{8.12}$$

式中，$\rho_V^{(t)}$ 和 $\rho_V^{(t-\Delta t)}$ 分别对应 t 和 $t-\Delta t$ 时刻的网络膜电位输出向量的放缩因子。

式（8.12）表明，当前时间步的网络输出放缩因子须与上一个时间步的网络输出放缩因子（当前时间步网络输入的放缩因子）相同，恒为常值 ρ_V；否则会产生输出爆炸或消失的问题。通过放缩链式法则施加式（8.12）的约束之后，相当于对 LIF 动力学的膜电位时间曲线整体放缩了一定倍数，使得每个时间步的输出状态满足芯片数据类型和位宽约束。

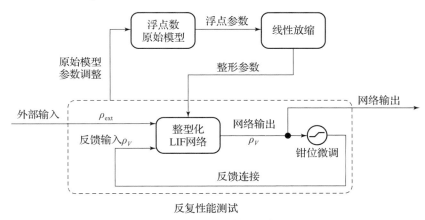

图 8.17　连续 LIF 动力学网络整型化流程

实际上，上述整型化也会对每个时间步的外部输入、网络自身的输出、网络内部的一些中间量进行放缩和取整操作。由于取整结果的不确定性，式（8.12）的约束并不严格成立，且会有反馈误差累积，从而导致某些时间步输出可能会超过 8 bit 有符号整数的范围。因此，需要施加一定的钳位操作。针对不同的模型与任务，进行实际性能测试。如果该组放缩因子不能满足应用需求，则应进行反复调整，甚至调整原始浮点数模型的参数。通常情况下，取整误差为随机误差，会有多个时间步的平均效应，实验表明基本上能满足实际应用需求。

1. 网络映射

神经形态类脑计算芯片采用去中心化的众核并行处理架构，每个最小计算功能核（Functional Core，FCore）独立运行，且相互间仅存在数据交换。这种模块化设计导致每个 FCore 的资源有限，能支撑的神经网络规模较小，而且每个 FCore 的信息是局部的。通常，在建立神经网络模型的过程中，并没有考虑如何进行硬件实现。因此，其网络拓扑结构与计算过程都是全局控制的，网络节点数量也远远超过单个 FCore 所支撑的范围。因此，在硬件实现过程中，需首先将网络进行拆分，并考虑类脑计算芯片的架构，将拆分后的网络映射到芯片或芯片群中。

2. 全连接层映射

设神经形态芯片的每个 Core 为 256 个神经元，每个神经元支持 256 个连接。图 8.18 所示为一个 1024×1024 全连接层的映射过程示例。输出层神经元之间相互独立。因此，可首先拆分成四个 1024×256 的全连接子网络，如图 8.18（a）所示，采用复制的方式对 1024 个输入进行扇出拓展，分发给 4 个子网络。进一步，实现每个 1024×256 的子网络时，采用图 8.18（b）所示的扇入拓展方式，将 4 个 FCore 完成 256×256 的第 1 级乘累加部分和，再用 4 个 FCore 完成第 2 级基于部分和求完整和的过程。最后，通过这 4 个 FCore 扇出 64×4 =256 个输出。最终，完成 1024×1024 的全连接层一共消耗（4 +4）×4 =32 个 FCore（未考虑扇出拓展的复制 FCore）。

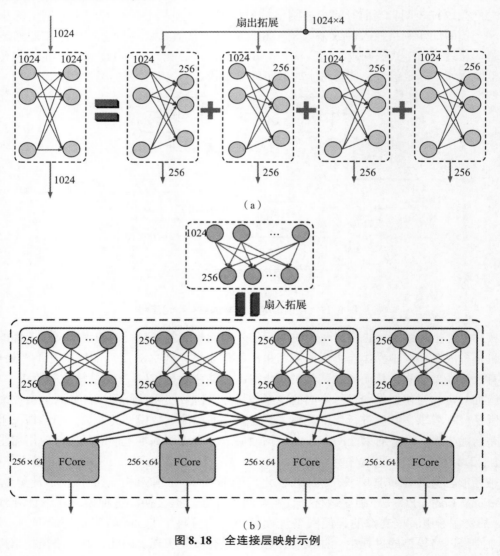

图 8.18　全连接层映射示例

全连接层（$M \times N$）映射步骤如下。

步骤 1：若 $N > 256$，则将网络拆分成 $M \times (N_1 + N_2 + \cdots + N_O)$，共计 O 个子网络，每个子网络的输出层神经元均不超过 256，通常 $O = N/256$，各个子网络的输入通过原输入复制或中转多播进行扇出拓展分发；若 N 未超过 256，则不进行输出层拆分。

步骤 2：若 $M > 256$，对于每个子网络 $M \times N$，均按照图 8.18（a）逐级求和扇入拓展的方式进行映射；若 M 未超过 256，则用单 FCore 直接完成各子网络运算。

3. 卷积层和池化层映射

卷积层是 CNN 的标志性连接层，其基本拓扑结构如图 8.19（b）所示，由多个输入特征图（Feature Map，FM）通过权重参数连接至多个输出特征图，每个 FM 均为一个二维图。

"天机芯" I 对卷积层的映射采用"多 FM→多 FM"的方法，即每个 FCore 完成全部输入 FM 相同位置上的一个小分块集合到全部输出 FM 对应位置的小分块集合的卷积运算过程。在图 8.19 中，红色小分块集合（蓝色和紫色小分块集合与此类似）。输入 FM 可以拆分成多个小分块集合，同一个 FM 上小分块之间会根据卷积核大小有一定的交叠部分，交叠部分的输入利用神经元复制扇出拓展的方法进行分发。每个输入小分块的大小通常由卷结核的大小与输入输出 FM 的数目确定。

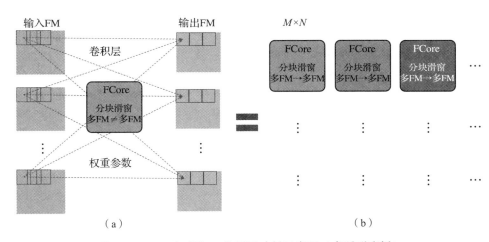

图 8.19　"天机芯" I 卷积层映射示意图（书后附彩插）

若输入 FM 数目为 M，输出 FM 数目为 N，两层之间共有个卷积核，卷积核大小为 $R \times C$，卷积层的具体映射流程如下。

步骤 1：首先将每个输入 FM 拆分成若干个 $I \times J$ 小分块（满足 $I \geqslant R$ 和 $J \geqslant C$），小分块之间要考虑卷积核滑窗造成的交叠效应。若原始滑窗步长为 1，则此处分块时行列交叠量分别为 $R - 1$ 和 $C - 1$ 个神经元。

步骤 2：将所有输入 FM 小分块扇入同一个 FCore，即扇入 $M \times (I \times J)$，而同时扇出所有输出 FM 的对应位置上的小分块集合，即 $N \times (I - R + 1) \times (J - C + 1)$。由于单 FCore 扇入、扇出均不能超过 256，分块时应该满足约束

$$M \times (I \times J) \leqslant 256, N \times (I - R + 1) \times (J - C + 1) \leqslant 256$$

步骤 3：利用多个 FCore 实现所有小分块集合的计算过程。

在上述过程中，设卷积核之间的滑窗步长为 1。实际应用中，需根据具体模型重新确定

小分块之间的交叠区域。此外，若输入 FM 不能整除小分块尺寸，还需根据原卷积层的边界处理方式进行边界处理（通常采用补零）。此外，上述映射方法仅适合 FM 数量较少的小规模网络，若 M 过大，还需采用到扇入拓展方法；若 N 过大，还需采用扇出拓展方法。

除卷积层和全连接层外，CNN 还具有池化层（pooling）。本质上，池化层是一种稀疏连接的全连接层，每个后端神经元仅与前端对应 FM 中某个邻域内的若干神经元有关（邻域大小通常为 2×2）。因此，其映射方式可借鉴普通全连接层的映射方式进行。由于这种局部连接的特殊性，将局部输入和输出的 FM 扇入同一个 FCore 进行处理即可，毋需同时考虑整个池化层的所有 FM。

4. 反馈 LIF 动力学网络映射

SNN（基于 Spike 编码的 LIF 动力学网络）的实际应用多以前馈网络为主，映射方法与全连接层、卷积层、池化层等相同，只是由于 SNN 输出状态的特殊性，只能支持均值池化而不支持最大值池化。

连续 LIF 动力学网络多以反馈结构为主，常为全反馈结构，即每个神经元的输出将反馈回当前层所有神经元。这种网络的映射难点在于，每个神经元的信息会发送至所有神经元。同时，每个神经元也需接收所有神经元的输出信息。因此，需要大量采用扇入拓展的方法。两种方法交织在一起，导致网络规模增大，从而消耗大量的硬件资源，增大硬件实现的难度。为此，这种网络在神经形态芯片中实现，通常会在上层建模时施加连接约束，即每个神经元仅与周围邻域内的神经元相连，从而减小扇入拓展和扇出拓展的范围。

图 8.20 所示的二维反馈网络共有 30×56 个神经元，每个神经元仅与周围 15×15 邻域内的网络进行连接（左、右和上、下均循环连接）。首先，将神经网络按列向分为 8 片，每片数目为 $30 \times 7 = 210$ 个神经元。由于邻域连接限制，每片神经元群只可能与邻近的三片神经元群相连接。如图 8.20 所示，红色方框中的神经元分片（I_4），仅与土黄色（O_{41}）、绿色（O_{42}）和紫色（O_{43}）方块中的神经元相连接。这里，单片输入 $210 < 256$ 个神经元，可以扇入至单个 FCore，但输出的三片神经元群（$210 \times 3 = 630$）却超过了 256 的扇出限制。因此，需采用全连接层映射类似的拆分输出方法。例如，将"210（单片）$\to 630$（3 片）"局部全连接层结构，拆分成三个"$210 \to 210$"的子网络，即对应图中"$I_4 \to O_{41}$"、"$I_4 \to O_{42}$"和"$I_4 \to O_{43}$"，每个子网络用一个 FCore 进行实现，所需要的输入由原 I_4 进行扇出拓展获得。

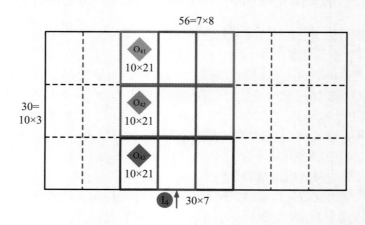

图 8.20　反馈 LIF 动力学网络映射示例（书后附彩插）

这里的 O_{41}、O_{42} 与 O_{43} 是对应位置神经元的部分乘累加和，尚不是完整和。可以利用 24 个 FCore 完成 8 片神经元的反馈输入与权重乘累加部分和。此后，再利用类似扇入拓展中的第二级求和的方法，将对应位置的部分和进行相加，求得最终每个神经元的完整和。

反馈 LIF 动力学网络（$M \times N$ 的二维网络，神经元间反馈连接）的映射过程如下。

步骤 1：将原始网络进行列向分片，拆分成 $M \times (N_1 + N_2 + \cdots + N_O)$ 共计 O 片，每片尺寸 $M \times N_i \leqslant 256$。

步骤 2：根据邻域连接约束的大小，确定每个子片所连接的神经元区域。根据该区域神经元的数目，进一步将输出进行拆分，形成诸多扇入、扇出均不超过 256 的小全连接层。

步骤 3：将单片 $M \times N_i$ 扇入至同一个 FCore，该 FCore 扇出步骤 2 中拆分后的某个子片输出神经元区域。为此，可以利用多个 FCore（扇入相同，通过 $M \times N_i$ 子片复制或多播扇出拓展获得）完成该分片的映射。

步骤 4：重复步骤 2 与步骤 3，完成所有分片的映射。

步骤 5：上述每个 FCore 的输出均为对应位置神经元的部分和，可利用扇入拓展的方式求取第二级的完整和。

由上述过程可见，连接约束的区域如果增大（极限为全反馈连接），步骤 2 与步骤 3 中扇出拓展、步骤 5 中的扇入拓展范围均会增大。此外，若网络规模增大，则分片数目也会相应地增多。在实际应用中，可根据资源配置情况，限制网络规模并添加连接约束。

8.6　基于神经形态系统的视频目标跟踪

基于 CAN，可基于神经形态系统的视频目标跟踪应用。首先，对算法进行改造和整理，对每一帧进行多次迭代。每次迭代的具体步骤如下。

步骤 1：迭代循环的输入：

$$V_1(x, t+1) = \beta \sum_{x' \in \mathrm{CF}} J(x, x') \cdot r(x', t)$$

步骤 2：膜电位：

$$V(x, t+1) = \mathrm{ReLU}(V_1(x, t+1) + V_{\mathrm{ext}}(x, t+1))$$

步骤 3：膜电位的平方：

$$V^2(x, t+1) = V(x, t+1) \cdot V(x, t+1)$$

步骤 4：迭代循环的输入：

$$s_{\mathrm{inh}}(t+1) = \frac{1}{k \sum_{x'} V^2(x', t+1)}$$

步骤 5：发放率：

$$r(x, t+1) = V^2(x, t+1) \cdot s_{\mathrm{inh}}(t+1)$$

图 8.21 所示为完整的神经形态芯片使用流程，在实际应用中，一般包括如下步骤。

步骤 1：上层原始网络模型建立。

步骤 2：参数配置及芯片布局——主要包括网络参数整型化、网络拓扑结构映射以及芯片物理布局，前两者指胞体参数配置、突触参数配置、路由参数配置与工作模式、时序及其相关参数配置，各部分之间的关系如图 8.21 所示。若资源消耗以及网络性能等不符合应用需求，则重新回到步骤1调整网络模型；否则继续。

步骤3：初始化芯片状态，并生成芯片配置与初始化文件，下载至芯片系统，启动芯片运行。

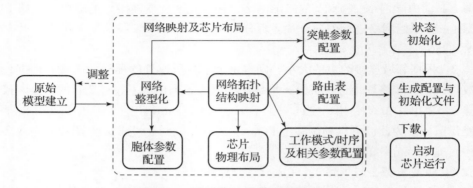

图8.21 神经形态芯片完整配置流程

按照图8.16（b）所示的I/O方式，可CANN模型应用于连续视频中的运动目标跟踪。图8.22所示为连续视频中运动人物目标的跟踪。其中，构建的二维CANN模型共计$30 \times 56 = 1\,680$个神经元。神经元间的权重按照式（8.10）编码，参数设置为：$J_0 = 0.5$、$a = 1.8$，RC区域直径为15。式（8.9）中动力学模型参数设置为：$\alpha = 0.1$、$\beta = 0.93$、$\gamma = 0.05$、$\mu = 0.01$、$A = 1.9$、$B = 200$。

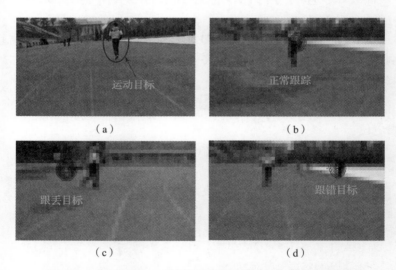

图8.22 基于CANN的视频运动目标跟踪（书后附彩插）

图8.22（a）所示为原始视频中的图像（1024×576），图中，蓝色框内为运动目标；图8.22（b）所示为跟踪过程图，背景图为原始视频中图像的缩略图像，尺寸为30×56，用于激励CANN。此处，将原图像缩放是为了类脑计算芯片中满足后续的硬件资源约束。图中的蓝色圆圈波纹是所有神经元活动强度r的等高线图（蓝色圆圈波纹），神经元活动强度较大，表示CANN给出的跟踪目标在圆圈区域。同时，图中的红色小点记录了最近10帧的等高线

中心，近似表示活动强度最大的神经元历史位置，即所跟踪目标的历史位置。此外，如果 α、β、A 和 B 等参数设置不正确，可导致网络响应灵敏度和稳定性失衡，图 8.22（c）所示为网络灵敏度不足导致跟丢目标，图 8.22（d）所示为由于网络稳定性不足，导致的被其他目标干扰而跟错目标。

为了分析上述模型的目标跟踪性能，从 OTB 数据库中选择了典型的基准集进行验证。这些基准集都具有遮挡、变形、运动模糊等特性。图 8.23 所示为数据集中的某一帧跟踪结果。图中，红色边框为原始标记的数据标签，黄色边框为跟踪算法计算出的目标物位置。通过两者的重叠程度评估目标跟踪算法的性能。

图 8.23　运动目标跟踪基准集单帧示意图（书后附彩插）

采用一次路径评估方法验证算法鲁棒性，即序列长度为视频序列的第一帧到最后一帧，初始化位置为原始数据标签。

这里，引入重叠度作为评价指标，它由算法预测目标区域与标记真实区域相交的面积决定；同时，考虑了跟踪目标边框的位置和大小。算法对预测目标区域 R_t^P 和标记真实区域 R_t^G 分别取交集和并集，作商得到每一帧的重叠率，对序列中的每一帧进行同样操作，得到整体重叠率序列，即

$$\Phi(\Lambda^P, \Lambda^G) = \{\phi_t\}_{t=1}^t, \ \phi_t = \frac{|R_t^P \cap R_t^G|}{|R_t^P \cup R_t^G|} \tag{8.13}$$

成功率曲线上的每一个点表示重叠率超过给定重叠率阈值（$\in [0, 1]$）的比例，整体成功率的值则可由曲线下方面积表示。将上述方法应用于五个不同视频序列，浮点数和整型数的结果如图 8.24 所示。从结果可以看出，整型化之后跟踪性能受到一定影响，大部分情况下稍有下降。

图 8.25 比较了基于新型神经形态芯片的视频跟踪算法与传统基于 CPU 或者 GPU 算法在速度上的性能。通过网络间神经元的动态特性，CANN 利用高斯峰聚焦跟踪目标的中心点，并且随着目标位置移动而转移，实现了视频目标跟踪目标。

基于上述五个时间步的划分，每步对应一个时间拍（16.8 μs），每一帧循环迭代 15 次。所提出的算法可实现每秒 794 帧的吞吐量，在速度上明显快于目前其他典型跟踪算法速度（4.7 ~ 305 倍）。

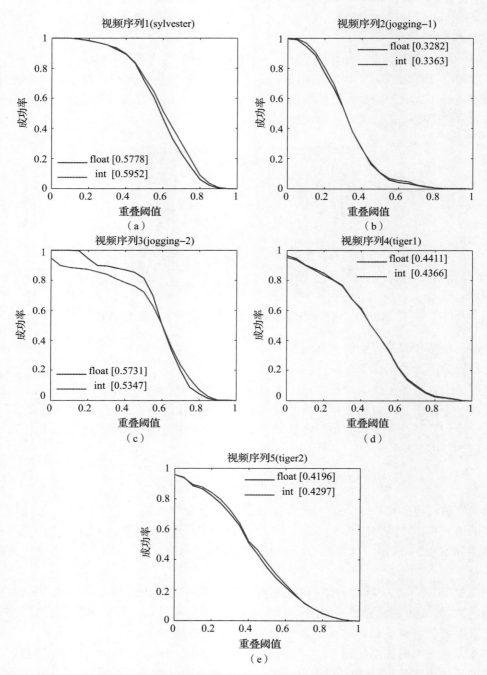

图8.24 整型化前后跟踪性能对比（书后附彩插）

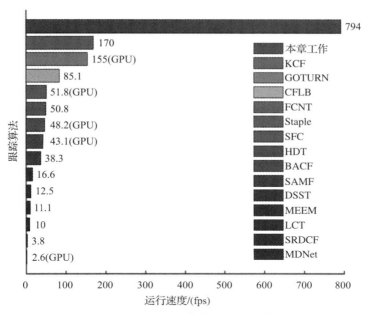

图 8.25　不同跟踪算法运行速度对比

小　结

本章首先从深度学习专用处理器、神经形态芯片及系统角度阐述了类脑计算硬件平台研究现状，并将深度学习专用处理器与神经形态芯片进行了对比。之后，围绕神经动力学及其应用，给出了基于 Spike 编码的 SNN 以及基于连续 LIF 动力学的模式学习网络示例，并提出了用于目标跟踪的连续 LIF 动力学网络模型。

对于 SNN 部分，首先，阐述了 SNN 的基本计算原理与各种权重学习方法，包括无监督学习（以 STPD 为例）、ANN 预训练间接学习和 BP 有监督直接学习等。相对于无监督学习，预训练和有监督方法具有更好的性能和较高的网络深度。其次，通过改变 Spike 频率的归一化方式与神经元连接区域，将连续吸引子神经网络（CANN）模型改造为适用于神经形态芯片系统的硬件友好模型，并应用于视频目标跟踪。同时，分析了各系统参量对于网络响应灵敏度和稳定性的影响。最后，针对类脑计算平台的数据类型和位宽约束，提出了 LIF 动力学网络的参数和状态整型化方法，包括 SNN 的 Spike 序列不变法，连续 LIF 动力学网络（针对反馈结构）的输入输出放缩约束条件与反复调整方法等。

参 考 文 献

［1］ Coates A, Huval B, Wang T, et al. Deep learning with COTS HPC systems ［C］// International conference on machine learning. 2013: 1337 - 1345.

［2］ Temam O. A defect - tolerant accelerator for emerging high - performance applications ［J］. International Symposium on Computer Architecture (ISCA), 2012.

［3］ Esmaeilzadeh H, Sampson A, Ceze L, et al. Neural acceleration for general－purpose approximate programs ［J］. IEEE/ACM International Symposium on Microarchitecture （MICRO）, 2012.

［4］ Chakradhar S, Sankaradas M, Jakkula V, et al. A dynamically configurable coprocessor for convolutional neural networks ［J］. ACM SIGARCH Computer Architecture News, 2010, 38 （3）.

［5］ Kim J－Y, Kim M, Lee S, et al. A 201. 4 GOPS 496 mW real－time multi－object recognition processor with bio－inspired neural perception engine ［J］. IEEE J Solid－State Circuits, 2010, 45 （1）: 32 － 45.

［6］ Farabet C, Martini B, Corda B, et al. Neuflow: A runtime reconfigurable dataflow processor for vision ［J］. IEEE Computer Society Conference on Computer Vision and Pattern Recognition Workshops （CVPRW）, 2011.

［7］ Zhang C, Li P, Sun G, et al. Optimizing fpga－based accelerator design for deep convolutional neural networks ［J］. ACM/SIGDA International Symposium on Field－Programmable Gate Arrays, 2015.

［8］ Chen T, Du Z, Sun N, et al. Diannao: A small－footprint high－throughput accelerator for ubiquitous ［J］. Machine－Learning. SIGPLAN Not. , 2014, 49 （4）: P. 269 － 284.

［9］ Chen Y, Luo T, Liu S, et al. DaDianNao: a machine－learning supercomputer ［J］. Int SympMicroarchitecture, 2015, 2015: 609 － 622.

［10］ Liu D, Chen T, Liu S, et al. PuDianNao: a polyvalent machine learning accelerator ［J］. International Conference on Architectural Support for Programming Languages and Operating Systems （ASPLOS）, 2015.

［11］ Du Z, Fasthuber R, Chen T, et al. ShiDianNao: shifting vision processing closer to the sensor ［J］. International Symposium on Computer Architecture （ISCA）, 2015.

［12］ Venkataramani S, Ranjan A, Roy K, et al. AxNN: energy－efficient neuromorphic systems usingapproximate computing ［J］. International Symposium on Low Power Electronics and Design, 2014.

［13］ Du Z, Palem K, Lingamneni A, et al. Leveraging the error resilience of machine－learningapplications for designing highly energy efficient accelerators ［J］. IEEE Trans Comput Des Integr Circuits Syst, 2014, 34 （8）: 1223 － 1235.

［14］ Zhu J, Qian Z, Tsui C Y. LRADNN: high－throughput and energy－efficient deep neural networkaccelerator using low rank approximation ［C］// Asia and South Pacific Design Automation Conference （ASP－DAC）, 2016.

［15］ Han S, Liu X, Mao H, et al. EIE: efficient inference engine on compressed deep neural network ［C］// International Symposium on Computer Architecture （ISCA）, 2016. , 16.

［16］ Ananthanarayanan R, Esser S K, Simon H D, et al. The cat is out of the bag: cortical simulations with 109 neurons, 1013 synapses ［C］// Conference on High Performance Computing Networking, Storage and Analysis, 2009.

［17］ Furber S. To build a brain ［J］. IEEE Spectr, 2012, 49 （8）.

［18］ Mead C. Analog VLSI and neural systems ［M］. Addison – Wesley, 1989.

［19］ Boahen K. Neurogrid: Emulating a million neurons in the cortex ［C］// Annual International Conference of the IEEE Engineering in Medicine and Biology Proceedings, 2006.

［20］ Benjamin B V, Gao P, McQuinn E, et al. Neurogrid: a mixed – analog – digital multichip system for large – scale neural simulations ［J］. Proc IEEE, 2014, 102 (5): 699 – 716.

［21］ Arthur J V, Boahen K. Learning in silicon: timing is everything ［J］. Advances in Neural Information Processing Systems (NIPS), 2006, 18.

［22］ Hynna K M, Boahen K. Neuronal ion – channel dynamics in silicon ［C］// IEEE International Symposium on Circuits and Systems (ISCAS), 2006.

［23］ Merolla P, Arthur J, Alvarez R, et al. A multicast tree router for multichip neuromorphic systems ［J］. IEEE Trans Circuits Syst I Regul Pap, 2014, 61 (3): 820 – 833.

［24］ Schemmel J, Fieres J, Meier K. Wafer – scale integration of analog neural networks ［C］// International Joint Conference on Neural Networks (IJCNN), 2008.

［25］ Schemmel J, Briiderle D, Griibl A, et al. A wafer – scale neuromorphic hardware system for largescale neural modeling ［C］// IEEE International Symposium on Circuits and Systems (ISCAS), 2010.

［26］ Qiao N, Mostafa H, Corradi F, et al. A reconfigurable on – line learning spiking neuromorphic processor comprising 256 neurons and 128K synapses ［J］. Front Neurosci, 2015, 9 (141): 1 – 17.

［27］ Indiveri G, Liu S – C. Memory and information processing in neuromorphic systems ［J］. Proc IEEE, 2015, 103 (8): 1379 – 1397.

［28］ Furber S. To build a brain ［J］. IEEE Spectr, 2012, 49 (8).

［29］ Painkras E, Plana L A, Member S, et al. SpiNNaker: a 1 – W 18 – core system – on – chip for massivelyparallel neural network simulation ［J］. IEEE J Solid – State Circuits, 2013, 48 (8): 1943 – 1953.

［30］ Painkras E, Plana L A, Garside J, et al. Spinnaker: a multi – core system – on – chip for massively parallel neural net simulation ［C］// Custom Integrated Circuits Conference (CICC), 2012.

［31］ Rast A D, Galluppi F, Jin X, et al. The leaky integrate – and – fire neuron: a platform for synaptic model exploration on the spinnaker chip ［C］// International Joint Conference on Neural Networks (IJCNN), 2010.

［32］ Jin X, Lujan M, Plana L A, et al. Modeling spiking neural networks on SpiNNaker ［J］. Comput Sci Eng, 2010, 12 (5): 91 – 97.

［33］ Furber S B, Lester D R, Plana L A, et al. Overview of the SpiNNaker system architecture ［J］. IEEE Trans Comput, 2013, 62 (12): 2454 – 2467.

［34］ Navaridas J, Furber S, Garside J, et al. Spinnaker: fault tolerance in a power – and area – constrained large – scale neuromimetic architecture ［J］. Parallel Comput, 2013, 39 (11): 693 – 708.

［35］ Rast A D, Partzsch J, Mayr C, et al. A location – independent direct link neuromorphic interface ［C］//International Joint Conference on Neural Networks（IJCNN），2013.

［36］Furber S B，Galluppi F，Temple S，et al. The SpiNNaker project ［J］. Proc IEEE，2014，102（5）：652－665.

［37］Modha D S，Ananthanarayanan R，Esser S K，et al. Cognitive computing ［J］. Commun ACM，2011，54（8）：62－71.

［38］Merolla P A，Arthur J V，Alvarez － Icaza R，et al. A million spiking － neuron integrated circuit with a scalable communication network and interface ［J］. Science，2014，345（6197）：668－673.

［39］Amir A，Datta P，Risk W P，et al. Cognitive computing programming paradigm：a corelet language for composing networks of neurosynaptic cores ［C］//International Joint Conference on Neural Networks（IJCNN），2013.

［40］Esser S K，Merolla P A，Arthur J V.，et al. Convolutional networks for fast，energy － efficient neuromorphic computing ［J］. Proc Natl Acad Sci，2016，113（41）：11441－11446.

［41］Strukov D B，Snider G S，Stewart D R，et al. The missing memristor found ［J］. Nature，2008，453（7191）：80－83.

［42］Chu M，Kim B，Park S，et al. Neuromorphic hardware system for visual pattern recognition with memristor array and CMOS neuron ［J］. IEEE Trans Ind Electron，2015，62（4）：2410－2419.

［43］Garbin D，Bichler O，Vianello E，et al. Variability － tolerant convolutional neural network for pattern recognition applications based on oxram synapses ［C］// IEEE International Electron Devices Meeting（IEDM），2014.

［44］Bichler O，Suri M，Querlioz D，et al. Visual pattern extraction using energy － efficient "2 － PCM synapse" neuromorphic architecture ［J］. IEEE Trans Electron Devices，2012，59（8）：2206－2214.

［45］Han S，Mao H，Dally W J. Deep compression － compressing deep neural networks with pruning，trained quantization and Huffman coding ［C］// International Conference on Learning Representations（ICLR），2016.

［46］Courbariaux M，Bengio Y，David J－P. Binary Connect：training deep neural networks with binary weights during propagations ［J］. Advances in Neural Information Processing Systems（NIPS），2015.

［47］Esser S K，Merolla P A，Arthur J V.，et al. Convolutional networks for fast，energy － efficient neuromorphic computing ［J］. Proc Natl Acad Sci，2016，113（41）：11441－11446.

［48］Rastegari M，Ordonez V，Redmon J，et al. XNOR － Net：ImageNet classification using binary convolutional neural Networks ［C］// European Conference on Computer Vision（ECCV），2016.

［49］Li F，Liu B. Ternary weight networks. ar Xiv Prepr，2016.

［50］Zhu C，Han S，Mao H，et al. Trained ternary quantization ［J］. ar Xiv Prepr ar

Xiv161201064，2016.

［51］ Abbott L F. Lapicque's introduction of the integrate – and – fire model neuron ［J］. Brain Res Bull，1999，50（5）：303 – 304.

［52］ Gerstner W，Kistler W M，Naud R，et al. Neuronal dynamics：From single neurons to networks and models of cognition ［M］. Cambridge University Press，2014.

［53］ Song S，Miller K D，Abbott L F. Competitive Hebbian learning through spike – timing – dependent synaptic plasticity ［J］. Nat Neurosci，2000，3（9）：919 – 926.

［54］ Diehll P U，Neill D，Binas J，et al. Fast – classifying，high – accuracy spiking deep networks through weight and threshold balancing ［C］// International Joint Conference on Neural Networks（IJCNN），2015.

［55］ Wu S，Hamaguchi K，Amari S. Dynamics and computation of continuous attractors ［J］. Neural Comput，2008，20（4）：994 – 1025.

［56］ Deng L，Zou Z，Ma X，et al. Fast Object Tracking on a Many – Core Neural Network Chip ［J］. Frontiers in Neuroscience，2018，12.

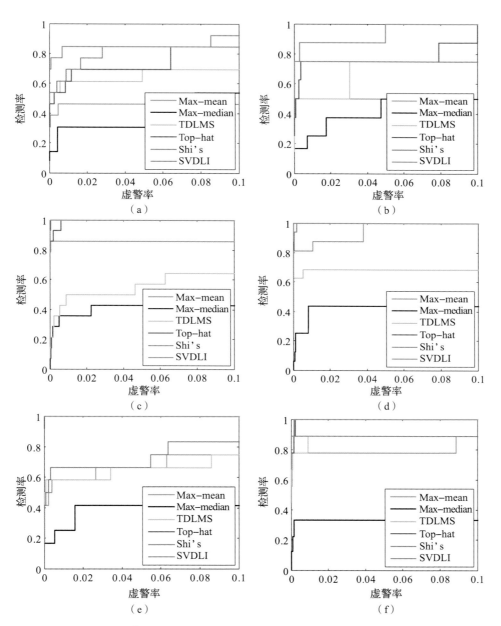

图 2.9　六种算法对应于图 2.7（a）～（f）小目标检测结果的 ROC 曲线

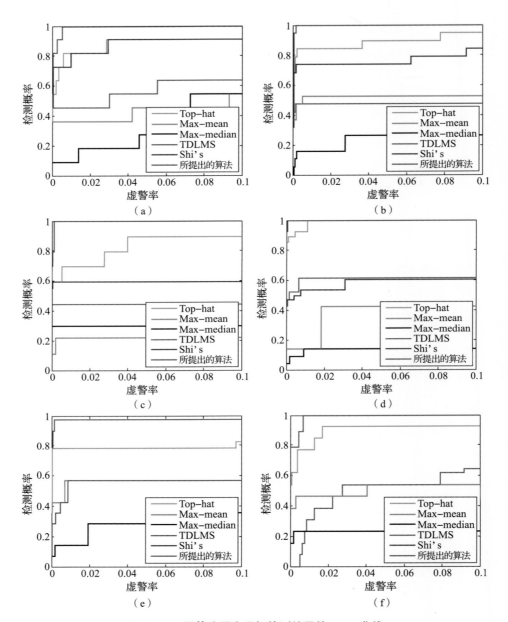

图 3.9　不同算法弱小目标检测结果的 ROC 曲线

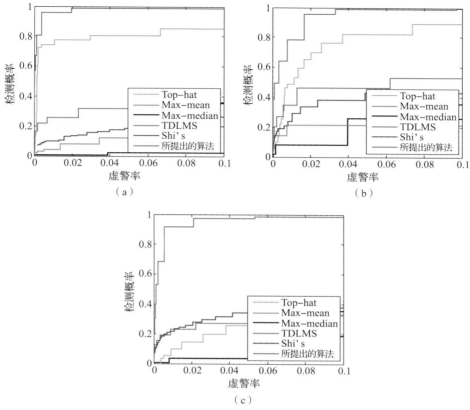

图 3.12   面目标检测结果的 ROC 曲线

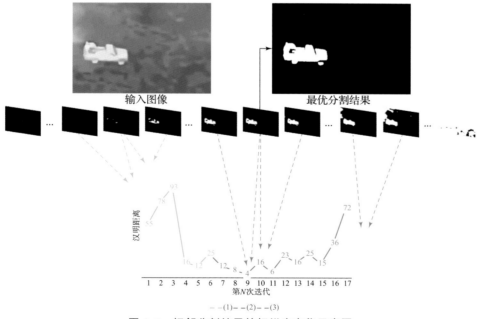

图 4.6   相邻分割结果的相似度变化示意图

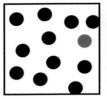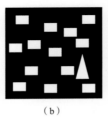

（a）　　　　　　　　　　　　（b）

图 5.1　视觉注意机制心理学示例

（a）颜色特征；（b）形状特征

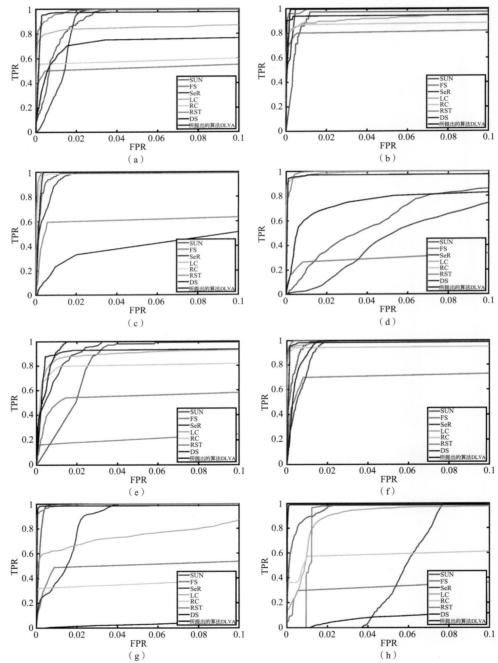

（a）

（b）

（c）

（d）

（e）

（f）

（g）

（h）

图 5.13　基于典型复杂背景图像的 ROC 曲线对比结果

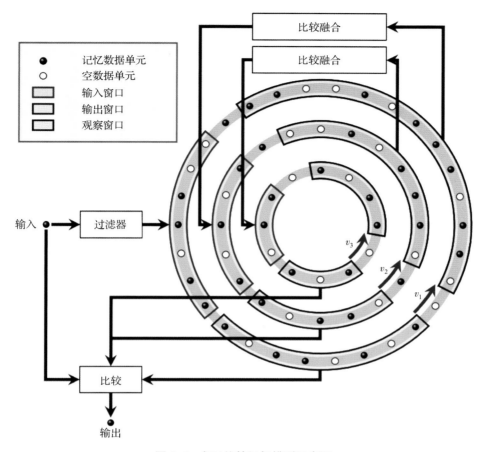

图 6.6　多层旋转记忆模型示意图

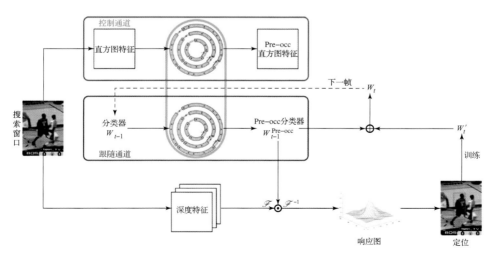

图 6.14　基于多层旋转记忆模型的相关滤波目标跟踪算法框架

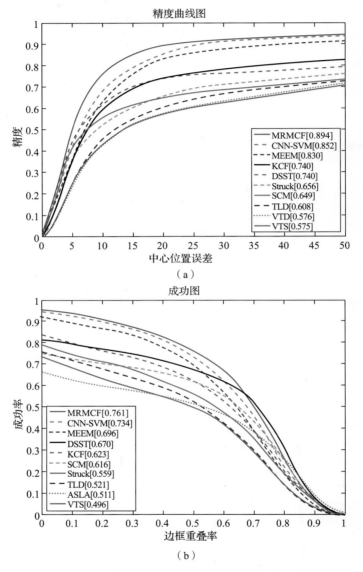

图 6.15　OTB50 上所提出算法与对比算法的 OPE 对比结果

（a）精度曲线图；（b）成功率曲线图

图 6.16　OTB50 图像数据集中部分图像序列的跟踪结果对比图

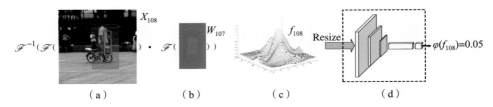

图 7.8　基于 RAN 的响应图分析过程

（a）搜索区域图像；（b）分类器；（c）响应图；（d）RAN

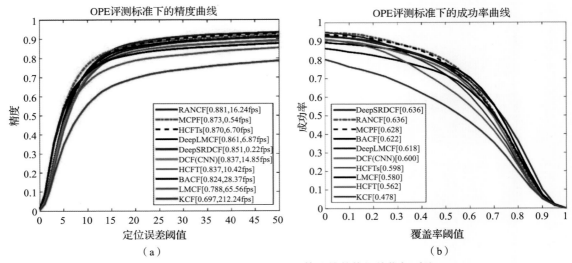

（a）

图 7.12　OTB – 2015 数据集上算法的整体评价指标对比

（a）算法精度曲线并标注各自速度；（b）算法覆盖率曲线

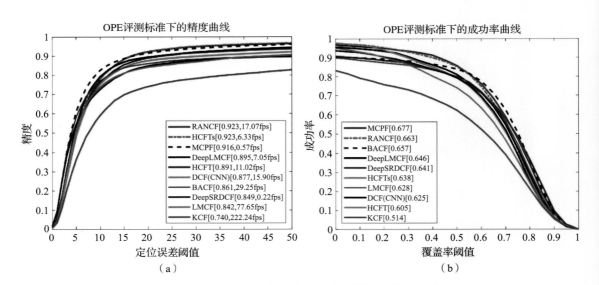

（a）

图 7.13　OTB – 2013 数据集上算法的整体评价指标对比

（a）算法精度曲线并标注各自速度；（b）算法覆盖率曲线

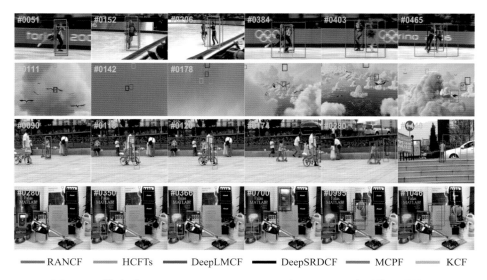

| ──── RANCF | ──── HCFTs | ──── DeepLMCF | ──── DeepSRDCF | ──── MCPF | ──── KCF |

图 7.14　算法对 Skating2 - 2、Bird1、Girl2 和 Lemming 序列的跟踪结果

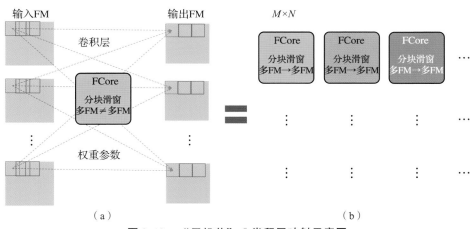

（a）　　　　　　　　　　　　　　　　（b）

图 8.19　"天机芯" I 卷积层映射示意图

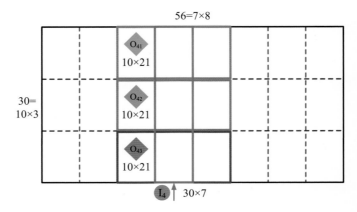

图 8.20 反馈 LIF 动力学网络映射示例

图 8.22 基于 CANN 的视频运动目标跟踪

图 8.23 运动目标跟踪基准集单帧示意图

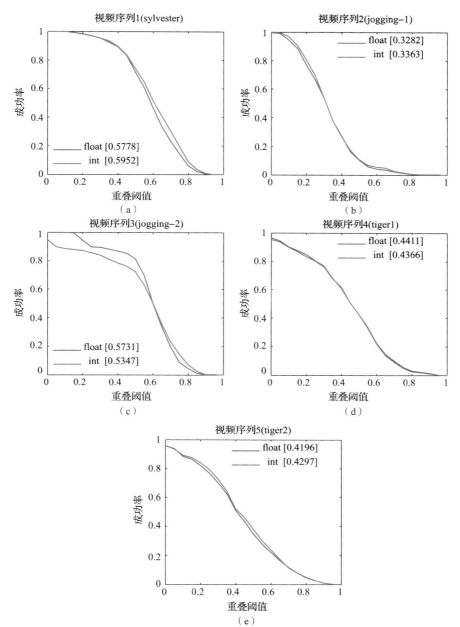

图 8.24 整型化前后跟踪性能对比